급식경영학

김미혜 · 이인선 · 정민유

창지사

머/리/말

오늘날 급식산업은 단순한 식사 제공을 넘어, 기술 혁신, 지속가능성, 그리고 개인 맞춤형 서비스라는 거대한 변화의 파도에 직면해 있습니다. 런치플레이션(Lunchflation)으로 인한 수요 증가, 푸드테크(Food Tech)의 도입, 환경을 생각하는 지속가능성 경영 확산, 그리고 고객의 건강과 웰빙에 대한 높아진 관심 등은 급식경영 환경을 근본적으로 재정의하고 있습니다. 이러한 급변하는 환경 속에서 급식경영자는 과거의 답습을 넘어선 새로운 통찰력과 리더십을 요구받고 있습니다.

이 책은 이러한 시대적 요구에 부응하여, 급식경영학의 전통적인 이론적 토대 위에 최신 산업 동향을 접목하여 미래 급식경영자의 나아갈 방향을 제시하고자 합니다. 급식경영자는 더 이상 단순히 식자재를 관리하고 위생을 책임지는 역할을 넘어, 민츠버그(Mintzberg)의 경영자 역할 모델에서 제시된 것처럼 조직의 대변인, 기업가, 문제해결사로서의 다양한 역량을 발휘해야 합니다. 특히, 우리는 다음 세 가지 핵심 영역에 주목해야 합니다. 첫째, 디지털 전환입니다. AI 기반 잔반 분석을 통한 음식물 쓰레기 감소, 자동화된 조리 로봇 도입, 공공급식통합플랫폼(eaT)과 같은 효율적인 전자조달시스템 활용 등 기술을 적극적으로 수용하여 운영 효율성과 서비스 품질을 동시에 향상시켜야 합니다. 둘째, 지속가능하고 윤리적인 경영입니다. 친환경 식자재 사용, 에너지 절감, 지역사회와의 상생 등은 더 이상 선택이 아닌 필수가 되었으며, 이는 기업의 사회적 책임이자 경쟁력 확보의 핵심 요소입니다. 셋째, 맞춤형 가치 제공입니다. 획일적인 메뉴 제공에서 벗어나 개인의 건강 상태나 선호도를 반영한 맞춤형 식단을 제공하고, 고객과의 적극적인 소통을 통해 서비스 경험을 극대화해야 합니다.

본 교재는 식품영양학을 전공하는 대학생들이 미래 급식경영자로서 알아야 할 기본 지식들을 총 4부, 12장으로 구성하였습니다. 각 장의 서두에 수록된 학습목적과 학습목표는 학습자에게 해당 교과목을 통해 무엇을 배우고 달성할 수 있는지에 관한 명확한 로드맵을 제공하고 있습니다. 1부 급식경영과 경영조직에서는 급식경영 구성 요소를 이해하고 어떻게 조직화할 것인가에 관하여 설명합니다. 2부는 급식소 인적자원관리로서 인적자원의 확보관리부터 개발관리, 보상과 유지관리 방법을 다루었습니다. 3부는 관리자 리더십과 의사결정 파트로서 조직 구성원의 동기부여, 리더십, 의사소통에 관한 이론을 학습하게 됩니다. 마지막 4부는 최근 급식경영의 가장 큰 화두인 마케팅과 서비스 품질관리입니다. 이처럼 본 교재는 급식관리 영역 중 인적자원관리와 마케팅 관리에 대한 주요 이론을 다루었습니다. 이 책은 급식산업 현장의 복잡하고 역동적인 변화를 이해하고, 미래 시대에 필요한 급식경영자의 개념적 능력, 대인적 기술, 실무적 기술을 함양하는 데 실질적인 도움을 줄 것입니다. 이 책을 통하여 식품영양학과 학생들이 급변하는 환경 속에서 탁월한 경영 능력을 갖춘 전문가로 성장하고, 급식산업의 새로운 패러다임을 선도할 수 있기를 바랍니다.

본 교재를 출판하기까지 수고해 주신 창지사 김기섭 대표님과 김영식 상무님을 비롯한 직원 여러분께 진심으로 감사드립니다.

2026년 2월

저자 일동

차/례

급식경영학

PART I

급식경영과 경영조직

급식경영학

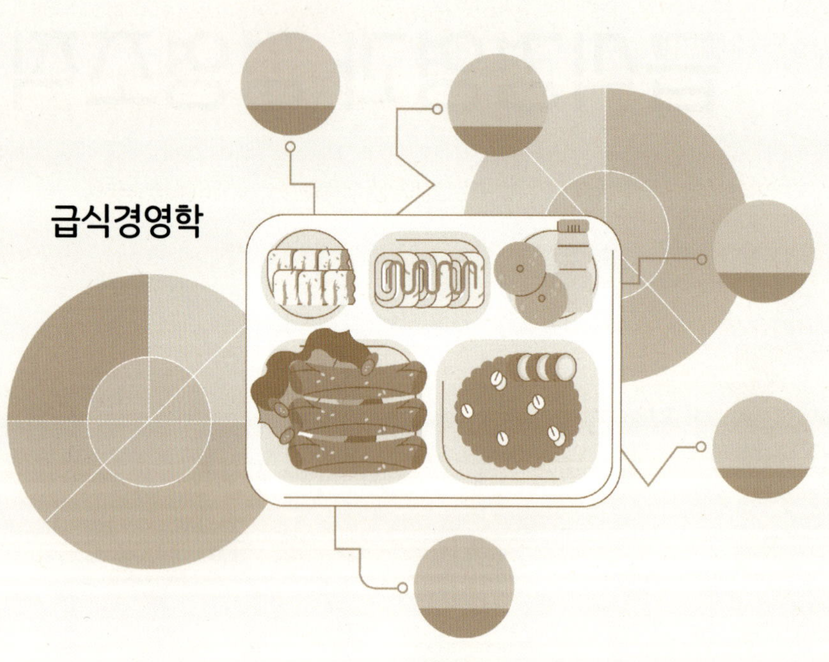

Chapter 01

급식경영의 기초

급식경영 현장은 급변하는 사회 환경, 급식산업 팽창, 소비자 수요 다변화 등으로 끊임없는 혁신을 요구받고 있다. 날로 치열해지는 경쟁 환경에서 살아남기 위해서는 차별화된 경영 전략을 구축해야 하며, 급식경영에 관한 이해는 영리, 비영리를 막론하고 모든 급식조직의 필수적 과제가 되었다.

학습목적

경영의 기본 개념과 원리를 바탕으로 급식경영의 필요성과 의의를 이해하고, 급식상품의 특성, 급식산업 현황을 살펴보고, 급식경영 구성 요소를 파악하여 급식경영의 기본 개념을 익힌다.

학습목표

1. 급식경영의 필요성을 이해할 수 있다.
2. 경영의 정의를 내리고 급식경영을 설명할 수 있다.
3. 급식의 사회적 의의를 설명할 수 있다.
4. 서비스의 성격을 이해하고 급식상품의 특성을 설명할 수 있다.
5. 급식산업을 분류하고 산업 현황을 설명할 수 있다.
6. 직영급식과 위탁급식의 차이를 설명할 수 있다.
7. 급식경영의 주체와 경영자의 역할에 관하여 설명할 수 있다.
8. 급식경영의 대상과 조직화의 원칙에 관하여 설명할 수 있다.
9. 급식경영의 내용과 경영관리 순환체계에 관하여 설명할 수 있다.

1 급식경영의 개요

1) 급식경영의 필요성

급식산업은 환대산업(Hospitality industry) 영역에 속하는 푸드서비스 산업 중의 하나로, 많은 국가에서 관광 및 서비스 분야의 밑받침이 되는 중요한 산업이다. 우리나라 급식산업은 1980년대부터 본격화되면서 빠르게 성장해 왔고, 이제는 연간 100조 원대의 거대한 시장으로 성장하여, 급식산업의 비약적인 성장과 함께 전문적인 경영의 필요성은 더욱 커지고 있다.

가정 밖에서 이루어지는 외식은 전통적으로 일반대중을 대상으로 영리를 목적으로 하는 상업성 급식(외식업)과 특정 다수인에게 지속적으로 후생복지(비영리)를 목적으로 하는 비상업적 급식(단체급식)으로 나눌 수 있다. 급식의 목적이 이윤에 있든지 또는 후생복지에 있든지 간에 급식조직은 자원을 효율적으로 사용하여 피급식자에게 만족도 높은 식사를 제공함으로써 모(母)조직의 본연의 목적을 달성할 수 있도록 지원해야 한다.

따라서, 급식 서비스의 질을 향상시키고, 효율성을 증대시키며, 고객 만족도를 높여 급식조직의 목표를 달성하기 위해서는 급식관리에 경영기법이 필수로 요구되고 있다. 이는 단순한 음식 제공을 넘어, 재료 구매관리, 위생관리, 생산 및 운영관리, 시설관리, 재정관리, 인력자원관리, 마케팅 관리 등 다양한 급식 구성 요소를 체계적으로 통제하는 것을 포함한다. 급식운영을 책임지고 있는 영양사나 급식 관리자들은 경영의 개념과 기능을 이해하고 이를 급식경영에 적용할 수 있어야 한다.

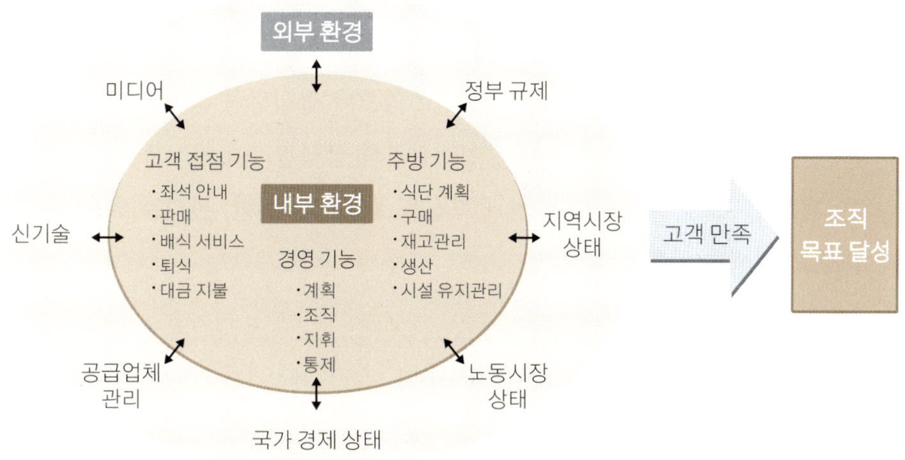

그림 1-1 급식경영의 필요성

2) 급식경영의 개념과 의의

(1) 급식경영의 개념

급식경영과 급식관리는 혼용되어 사용되는 것이 현실이다. 경영과 관리는 모두 조직의 목표 달성을 위한 활동이지만 엄밀히 말하면 학자들은 경영과 관리를 구분하여 사용한다. 첫째, 경영을 상위 개념으로 관리는 하위 개념으로 본다. 경영은 기업의 최고 목표 수립, 주요한 의사결정, 이해관계 조정과 같은 최고 경영층의 전략 수립 등 상위 수준의 활동을 포함하며, 관리는 설정된 목표와 전략 아래 구체적인 자원관리 및 실행을 담당하는 하위 수준의 활동을 의미한다. 둘째, 경영은 관리를 포함하는 광의의 개념으로 본다. 경영의 내용으로 전략(strategy), 관리(management), 운영(operation) 등이 있는데 이들은 조직 내에서 서로 다른 역할을 수행한다. 전략이란 조직의 목적을 설정하고 그 목적을 달성하기 위한 의사결정 활동이며 조직의 장기적인 목표와 방향을 설정하는 것이다. 관리란 결정된 전략을 달성하기 위한 자원 배분 및 통제를 포함하며 자원을 효율적 활용하기 위한 활동이다. 운영이란 일상적인 활동을 통해 전략을 실행하는 것으로, 보통 정해진 방식과 체계에 따라 수행하는 것이다.

이렇듯 경영과 관리는 구분하여 정의하고 있으나 급식경영 분야에서도 두 용어가 혼용되고 있어, 본 교재의 급식경영도 실질적 급식관리에 가까운 시각으로 서술되어져 있다. 보통 경영은 창의성과 혁신을 중시하는 반면, 관리는 효율성과 통제를 강조한다.

- 경영(Management)은 조직의 목표를 달성하기 위하여 계획하고 실행하고 이를 평가하는 일련의 동태적 과정이다.
- 급식경영(Meal management)이란 급식조직의 목표를 달성하기 위하여 물적, 인적자원의 사용을 계획, 조직화, 지휘, 조정 및 통제하는 일련의 과정이다.

(2) 급식경영의 의의

급식은 단순히 음식을 제공하는 행위를 넘어, 사회적으로 다양한 의미를 지닌다. 영양 불균형 해소, 국민 건강증진, 식생활 교육적 효과, 사회적 연대감 형성, 지역 경제 활성화, 사회복지 실현에 기여 등 다양한 측면에서 그 의의를 찾을 수 있다. 이렇게 급식이 사회에 미치는 영향이 커지면서 급식경영자와 급식기업의 사회적 책임도 중요해졌다.

급식경영자는 급식조직의 본연 기능을 다하면서 유지, 존속시키는 사회적 책임을 지며, 급식조직 종사원의 복지증진에 노력하여 종사원의 만족도를 높여야 한다. 또한 급식의 이해집단 사이에 발생하는 갈등에 대한 조정의 책임이 있고, 급식 쓰레기의 적절한 처리, 잔반 및 잔식의 최소화 등의 노력을 통하여 환경 오염을 최소화하는 것에 대한 책임이 있다. 뿐만 아니라 실습생, 인턴 등의 교육에 적극 협조함으로써 차세대 급식경영자의 양성에 기여하는 등의 사회적 책임을 져야 한다.

▶ ESG 급식경영

- 환경(Environment), 사회(Social), 지배구조(Governance)를 고려하여 지속가능한 급식 시스템을 구축하는 것을 의미한다.
  - 환경(environment) 요소 : 친환경 농산물, 저탄소 인증 농산물 등 친환경 식자재 사용 확대, 음식물 쓰레기 감량 및 재활용 시스템 구축, 에너지 절약 및 탄소 배출량 감축 노력 등
  - 사회(social) 요소 : 지역 농가와의 상생 협력 및 공정한 거래, 취약 계층 급식지원 및 지역사회 공헌 활동, 안전하고 위생적인 급식 환경 조성 등을 포함
  - 지배구조(governance) 요소 : 투명하고 윤리적인 급식운영 시스템 확립, 급식 관련 정보 공개 및 소통 강화, 안전 및 품질관리 시스템 구축 등

급식기업과 급식경영자의 사회적 책임은 장기적으로 기업의 경쟁력 강화에 도움이 된다. 기업의 지속가능경영의 대표적인 개념이 바로 ESG경영이다. ESG는 환경(environmental), 사회(social), 지배구조(governance)의 영문 첫 글자로 이루어진 단어이다. 급식기업은 ESG 급식경영을 통하여 기업 이미지 및 신뢰도 향상, 환경보호, 사회적 책임, 투명한 경영을 통해 지속가능한 급식 시스템 구축 그리고 음식물 쓰레기 감량, 자원 재활용 등을 통해 비용을 절감하고 효율성을 높일 수 있다. 급식기업은 ESG경영을 통하여 환경보호 및 사회적 책임을 다함으로써 미래 세대를 위한 지속가능한 사회를 만드는 데 기여할 수 있다. 대표적 급식기업의 ESG경영으로 현대그린푸드는 저탄소 인증 농수산물을 급식에 활용하여 온실가스 배출량을 줄이는 노력을 하고 있고, CJ프레시웨이는 친환경 식재료 사용을 확대하고 폐기물 최소화를 위한 프로그램을 운영하고 있으며, 삼성웰스토리는 음식물 쓰레기 감량 및 자원 순환 개선을 위한 환경 전략을 수립하고 있는 등 많은 국내 급식기업들이 ESG경영을 실천하고 있다.

3) 급식상품의 특성

급식상품은 특정 집단에게 지속적으로 식사를 제공하는 서비스로 다양한 종류와 특징을 가지고 있다. 산업체급식, 학교급식, 병원급식 등 급식 대상과 목적에 따라 제공 방식과 상품 구성이 달라지지만, 모든 급식상품은 음식과 함께 제공되는 서비스를 포함한다. 즉, 급식은 제품(goods)과 서비스(service)의 성격을 동시에 소유한 복합상품(products) 특성을 가지고 있다.

급식의 제품적 특성은 음식 품질관리의 기본요소인 안전성, 영양성 및 기호성으로 나뉘어진다. 급식에서 제공되는 음식은 물리적, 화학적, 미생물학적 위해요인이 없이 안전해야 하는 것이 가장 기본이며, 특히 다수인에 의해 소비된다는 점에서 음식의 안전성은 더욱 중요한 특성이다. 또한 영양성은 음식 섭취의 가장 본질적 목적이며, 특정인들에게 지속적으로 음식을 제공하기 때문에 급식상품을 선택하는 사람의 영양적 요구를 충족시켜야 하고 건강을 위해 영양 균형을 맞춰야 하는 과제가 있다. 급식 제품 특성 중 기호성은 고객이 급식상품을 선택하는 가장 결정적 특성이기도 하다. 음식은 섭취하는 사람의 기호적 요구에 맞아야 하며 맛, 색, 질감, 향미 등 관능적 특성 이외에도 섭취하는 사람이 경험한 문화적 요인, 심리적 요인까지도 고려되어야 한다. 기호성은 고객 만족으로 이어지며 장기적으로 업장의 식수를 좌우하기 때문에 그 중요성이 더욱 커지고 있다.

급식상품의 또 다른 중요한 특성은 바로 서비스에 따라 급식 만족도가 달라진다는 점이다. 급식에서 제품적 성격과 서비스적 성격이 차지하는 비율은 일반적으로 50:50 또는 60:40 정도로 이해된다. 음식제품과 서비스 간의 상대적 중요성의 차이는 보통 급식의 가격대에 따라 달라진다고 할 수 있다(그림 1-2). 고가의 급식일수록 서비스의 중요도는 커지고, 저가 급식일수록 음식제품의 중요도가 커지는 경향이 있다.

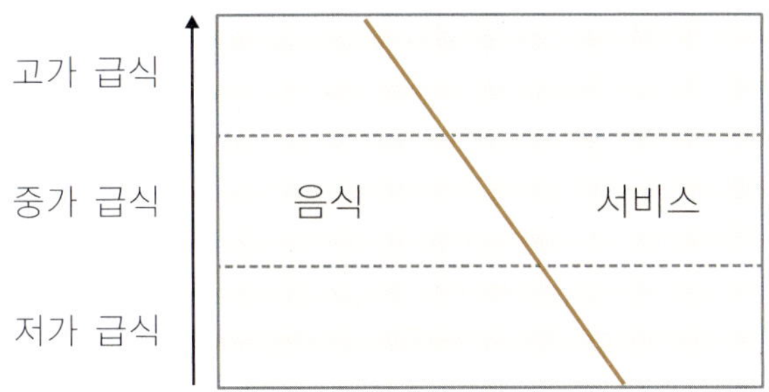

그림 1-2 급식상품 구성(가격대에 따른 제품과 서비스 비중)

급식 서비스 특성은 크게 무형성, 비분리성(생산과 소비의 동시성), 소멸성(저장 불능성), 이질성(비일관성)의 기본 특징을 갖는다.

급식은 눈에 보이지 않는 무형성 특징이 있어 풍미, 분위기 등 다양한 요소들이 서비스 만족도에 영향을 미친다. 손에 쥐고 감지할 수 있는 유형의 재화보다도 상대적으로 인식이 어렵고 공급자로부터 제공받기 전에는 그 서비스의 질을 인식하기 곤란하기 때문에 고객들은 음식 사진, 메뉴판 등 유형적인 단서로 사전에 서비스를 어느 정도 평가하기를 원한다.

급식 서비스는 생산과 소비가 동시에 이루어지는 특징이 있는 비분리성 특성이 있다. 서비스 품질은 서비스 제공자의 능력뿐만 아니라 서비스 제공자와 고객과의 상호작용의 질에 따라 달라질 수 있다.

급식은 제공하는 장소, 대상, 메뉴 등에 따라 품질과 서비스 수준이 달라지는 이질성 특징이 있다. 서비스 품질수준이 항상 일정할 수 없고 심지어 같은 종업원이 서비스를 제공하더라도 시간에 따라 제공되는 서비스가 차이가 날 수 있다. 다양한 고객의 욕구를 만족시키는 서비스를 생산하여 제공하기 위해서는 전문성을 지닌 숙련된 서비스 요원이 필요하다.

급식은 제공 시간이 지나면 소멸되는 저장 불능성 특징이 있다. 급식 서비스는 재고가 불가능하므로 계획 생산이나 주문 생산을 하여야 하는 어려움이 따르게 되며 예약 시스템이 중요하다. 또한 한번 제공되면 본래의 성질을 이미 변형시키게 되고 소멸되어 다시는 원형으로 돌이킬 수 없게 되고, 사용과 동시에 사라져 버리는 특성이 있어 효율적 관리가 중요하다.

표 1-1 급식상품의 특성

제품		서비스	
유형성	음식	무형성	음식 맛, 분위기
분리성(생산과 소비)	조리 후 서빙	비분리성(생산과 소비)	종업원과 고객의 상호작용
동질성	표준화	이질성(비일관성)	서비스 직원에 따른 차이
저장성	보존식	소멸성(저장 불능성)	잔식 폐기

2 급식산업 현황

1) 급식산업 분류

우리나라 급식산업은 지난 20여 년간 급속히 성장했다. 2020년 식품 생산액은 143.87조 원으로 전년 대비 2.66% 증가하였고, 수출액은 9.42조 원으로 전년대비 5.23%, 수입액은 32.17조 원으로 전년대비 0.42% 증가하였다. 식품산업 전체 시장규모는 166.63조 원이며, 최근 5년간 연평균 성장률은 2.85%를 보이고 있다.

1999년부터 2020년까지 식품접객업체 현황을 살펴보면 1999년 648,442개소였으나 2020년 914,934개소로 지난 20년간 41%가 증가하였다. 업종별 특성은 제과점, 단란주점, 유흥주점은 증감을 반복하며 20년 전과 비슷하거나 오히려 감소하는 양상을 보였으나, 주로 다류, 아이스크림류 등을 조리, 판매하거나 패스트푸트점, 분식점 형태의 영업 등 음식류를 조리, 판매하는 영업인 휴게음식점영업이 1999년 51,284개소였던 것이 2020년 176,267개소로 243% 급증하였고, 위탁급식영업 또한 2005년 6,317개소였던 것이 2020년 10,948개소로 73% 증가하였다(표 1-2).

표 1-2 업종별 식품접객업체 현황(1999-2020년)

구분	총계	휴게음식점	제과점	일반음식점	단란주점	유흥주점	위탁급식영업
1999	648,442	51,284	19,078	535,801	22,706	19,573	-
2000	657,392	50,025	19,143	545,032	20,812	22,380	-
2001	687,319	50,897	19,113	572,253	19,888	25,168	-
2002	709,148	50,693	19,383	592,150	19,165	27,757	-
2003	727,843	50,723	19,135	609,991	18,442	29,552	-
2004	731,466	53,227	19,289	611,063	18,030	29,857	-
2005	720,387	54,159	14,776	598,280	17,195	29,660	6,317
2006	711,006	55,257	14,708	587,814	16,593	29,616	7,018
2007	709,342	56,844	14,210	585,025	15,921	29,905	7,437
2008	712,310	59,915	13,983	584,368	15,867	30,326	7,851
2009	723,292	66,021	15,170	587,897	15,700	30,466	8,038
2010	809,033	77,640	17,950	652,778	17,049	34,305	9,311
2011	733,064	63,571	15,980	597,233	15,502	32,376	8,402
2012	776,409	86,813	16,142	615,903	15,473	33,043	9,035
2013	796,384	108,846	15,997	614,649	14,953	32,511	9,428
2014	809,201	102,240	16,606	633,631	14,776	32,294	9,654
2015	774,533	101,759	16,030	604,223	13,916	29,171	9,434
2016	832,960	123,021	17,691	638,404	14,132	29,409	10,303
2017	851,893	136,348	17,784	644,125	13,925	29,135	10,576
2018	867,834	148,064	18,107	648,670	13,605	28,742	10,646
2019	892,825	164,251	18,348	657,727	13,418	28,265	10,816
2020	914,934	176,267	18,480	669,050	12,805	27,384	10,948

출처: 식품의약품안전처(2021). 식품의약품통계연보.

급식산업은 그 동안 영리 추구 여부에 따라 단체급식과 외식업으로 분류하였으나, 1990년대부터 위탁급식 형태가 확대되기 시작하면서 특정 다수인의 건강과 영양관리를 목적으로 식사를 제공하는 단체급식에도 외식업과 같은 영리 추구 개념이 도입되고, 효율적 경영의 중요성이 강조되고 있어 영리 추구 여부로 급식산업을 엄격히 구분하기는 어려워졌다.

보통 단체급식의 운영형태는 운영체에 따라 직영(self-operated), 위탁(contract-managed) 그리고 임대(lease-operation) 형태로 분류된다.

2) 직영급식경영(self-operated)

직영이란 대상 집단의 조직체가 직접 급식을 운영하는 방식으로 모 조직으로부터 시설, 장소 및 인력 등을 지원받으면서 소속 구성원들의 영양 및 복지 차원에서 급식의 운영관리를 실시하는 방식이다. 학교, 공공기관, 사회복지시설 등이 많으며, 일반적으로 수익성을 추구하지 않고, 정해진 예산을 효과적으로 활용하고 고객의 필요와 요구를 만족시킴으로써 급식운영의 합리화를 도모하는 것이 운영의 주된 목적이다.

직영의 독특한 형태로 기업 또는 기관의 운영자와 직원 및 이용자들이 함께 출자하여 결성한 조합(생활협동조합, 소비자조합)에서 급식운영을 맡는 경우가 있는데, 이 경우 발생한 수익에 따라 출자자들이 배당금을 지급받기도 한다.

직영급식은 모 조직으로 지원을 받기 때문에 모 조직의 규정과 절차를 따르며, 지나친 행정업무로 운영상의 효율성 부족이 올 수 있고, 높은 운영비 지출과 조직의 인건비 부담이 크며, 고객에 대한 서비스가 자칫 소홀해질 수 있다는 단점이 있다. 반면, 소속감의 증진, 수익보다는 품질 제고와 고객 영양관리가 우선시되고, 신속한 원가 통제가 가능하다는 점 등의 장점을 가지고 있다.

3) 위탁급식경영(contract-managed)

위탁급식이란 급식운영 및 관리업무를 외부 위탁급식업체에 의뢰하여 계약 관계에 의하여 급식업무의 일부 또는 전부를 대행 운영하는 형태이다. 위탁 계약 방식에는 식단가제와 관리비제가 있다. 식단가제는 식단가를 기준으로 계약하는 방법으로 식단가에 재료비, 인건비, 기타 경비(광열비, 수도료, 감가상각비, 소모품비, 임대료 등)와 위탁수수료가 포함된다. 이 방법은 주로 대규모 급식소와 식수 변동이 적은 급식소에서 많이 채택하고 있다. 관리비제는 위탁급식업체가 일정 기간 동안 사용한 식재료비, 인건비, 기타 경비 등을 사용내역에 따라 실비로 위탁 의뢰기관에 청구하여 정산하는 방법으로 이때 일정비율의 위탁수수료를 추가로 지급 받는다. 이 방법은 중소 규모의 산업체나 기숙사 급식 등에서 많이 채택하고 있다.

위탁급식은 전문 위탁급식업체가 운영하는 방식이기 때문에 유능한 관리자의 활용, 위생관리 통제 강화, 경영진의 급식업무 관리 부담 감소, 급식종사원의 노사문제로부터 해방 등의 장점이 있다. 하지만, 전문성이 부족한 업체와 계약할 경우 급식 품질에 문제가 생기기 쉽고, 계약 기간 동안 급식 품질 통제가 쉽지 않으며, 급식시설, 설비, 개보수가 필요할 경우 책임 소재로 분쟁이 발생할 수 있다.

산업의 전문화 추세에 맞춰 등장한 위탁급식업은 급식경영 합리화를 추구하고자 하는 사회적 요구에 부응하면서 지속적으로 성장해 왔다. 국내에서는 1988년 서울캐터링 서비스 주식회사가 처음 위탁급식을 시작하였고 이후 아워홈, 삼성웰스토리, 씨제이프레시웨이, 신세계푸드, 현대그린푸드 등 대기업 계열 위탁급식업체가 설립되어 계열사의 급식운영을 기반으로 급속히 확장되었다.

표 1-3 직영과 위탁급식의 장단점

	직영급식(self-operated)	위탁급식(contract-managed)
장 점	• 소속감 및 책임감 향상 • 의사소통 원활 • 맞춤형 메뉴 구성 가능 • 식재료 품질관리 용이	• 전문성 확보(전문적 급식 서비스) • 비용 절감 효과 • 다양한 메뉴 구성 • 인력 운영 부담 감소
단 점	• 급식 전문인력 부족 • 비용 부담(초기 투자비, 운영비 등) • 급식 인력 채용 및 관리 어려움 • 사고 발생 시 책임 소재 불분명	• 위생 및 품질관리 문제 • 식재료 품질 불확실 • 소통 문제 • 급식 비용 증가 가능성

4) 임대급식경영(lease operation)

임대는 기관 또는 기업이 급식 관련 시설 일체를 임대업자에게 빌려주고, 계약된 임대료를 받는 운영 형태이다. 이때의 급식운영은 기업과 임대업자 간 계약 조건에 따라 이루어지며, 손익은 임대업자의 운영 성과에 달려 있다. 임대 운영 방식은 급식보다는 외식업장의 운영 방식에서 더 선호되며, 최근 컨세션(concession) 사업은 일종의 임대 형태 계약 방식으로 공항, 병원, 휴게소, 대형 상업용 빌딩 등 다중 이용 시설에서 다수의 식음료 브랜드를 유치해 운영 및 관리하는 사업 형태를 가리킨다.

외식업계는 해당 시설과 계약을 맺어 식음료 시업장 운영권을 부여받고, 임차한 공간을 다른 사업자에게 재임대해 푸드코트를 위탁 운영한다. 컨세션 사업은 입찰을 통해 계약 기간 동안 매장을 운영하고 계약일이 종료되면 새로운 사업자를 모집하는 방식으로 이뤄진다. 기존 식품 전문업체들은 공항 위주로 컨세션 사업에 나섰으나, 최근에는 호텔, 병원, 대형 상업용 빌딩, 대학 학생식당 등 그 영역을 점차 확대하고 있다. 업체들은 임차 공간에 유명 맛집과 자사 브랜드 매장을 다양하게 입점시키는 것은 물론 단순한 푸드코트 형태를 넘어 특색 있는 공간을 만들어 고객 서비스 만족을 위해 노력하고 있다.

저렴한 식단가로 운영되는 급식의 경우, 임대 형태는 식당 운영의 수익성이 낮아 음식의 질이 떨어질 위험이 높으며, 급식 단가가 높아져 고객들이 경제적 부담 확률이 높다. 반면, 유명 식음료 브랜드 입점으로 소비자 선호가 높을 수 있다.

3 급식경영의 구성 요소

급식경영의 구성 요소로는 경영의 주체인 급식경영자와 종사원, 경영의 대상인 급식조직 시스템, 경영의 내용인 급식전략, 급식관리, 급식운영 등이 있다.

1) 급식경영의 주체

급식 주체는 급식경영자와 급식종사원으로 크게 나눌 수 있으며 급식조직의 목적은 급식 주체인 사람을 통해 달성될 수 있다. 급식경영자는 급식조직에 있어서 인적자원을 비롯한 조직 내 제반 자원들에 대해 책임지고 있는 사람으로 관리 계층에 따라 상위 경영층, 중간 관리층, 하급 관리층으로 나눌 수 있다.

상위 경영층은 조직 전체에 대해 궁극적인 책임을 지고 있는 사장, 전무, 상무, 이사 등으로 회사의 중역이 해당된다. 상위 계층은 조직의 미래를 구상하고 전반적인 관리를 책임지며 전략계획을 수립하고 조직을 둘러싼 제반 환경과의 상호관계를 이끄는 역할을 한다.

중간 관리층은 조직의 중간 계층에 위치한 관리자로서 부장, 지점장 또는 사업본부장 등이 이 계층에 속한다. 이들은 하위 관리층 업무를 통솔함과 동시에 상위 경영층의 조정을 받는다. 중간 관리층은 조직 전체 목표나 전략계획이 수립되면 이 범위 내에서 각 부서별로 세부적인 운영계획을 작성하고 이를 수행하는 책임을 지게 된다. 중간 관리층은 상위 계층과 하위 계층의 의사소통을 원활히 하는 역할이 매우 중요하다.

하급 관리층은 일선 감독자라고도 하며 팀장, 과장, 대리 또는 반장 등이 여기에 속한다. 하급 관리자가 수행하는 주된 역할은 일선에서 일하는 종사자들이 정해진 방향이나 기준에 따라 제대로 업무를 수행하는지를 감독하는 일로써 주로 일상적인 작업 활동 진행을 책임지는 일이다. 급식부서 내 종사자들의 업무 분담이나 식재료의 발주 업무 등 일상적인 활동이 이에 해당된다.

표 1-4 급식경영자 계층별 필요한 경영 능력

계층	주요 요구 능력	급식경영자 필요 능력
상위 경영층	개념적 능력 (conceptual skill)	• 현상 본질을 파악하고 의미를 부여하며 조직을 구조화하는 능력 • 외식산업 트랜드 분석, 의사결정 능력, 경영과학 기법 등
중간 관리층	인간적 능력 (human skill)	• 구성원에게 동기부여, 갈등 해결, 대인관계 능력 • 종사원과의 의사소통 능력, 동기부여 기술 등
하급 관리층	기술적 능력 (technical skill)	• 직능 분야 측면의 성과에 필요한 실무 능력 • 표준 레시피 작성, 식재료 발주, 위생 교육, 대량 조리, 기기 사용법 교육, 급식전산 프로그램 사용 등

카츠(Katz)는 경영자에게 요구되는 기본적인 능력으로 기술적 능력(technical skill), 인간적 능력(human skill), 개념적 능력(conceptual skill)을 제시하였다. 이러한 세 가지 능력은 모든 경영자에게 필요하지만 경영자의 계층에 따라 그 상대적 중요성이 달라 질 수 있다. 상위 경영층으로 갈수록 거시적 안목으로 조직을 바라보고 조직과 환경 간의 상호 관련성을 파악할 수 있는 개념적 능력이 요구된다. 중간 경영층은 조직 구성원들과 조화를 이루고 원활히 의사소통할 수 있는 능력인 인간적 능력이 더 많이 요구되며, 하위 경영층은 운영 프로세스와 실무를 활용할 수 있는 능력인 기술적 능력이 많이 필요하다.

급식경영자가 맡아야 하는 역할은 매우 다양하다. 급식경영자의 역할은 급식의 전반적인 운영을 책임지며, 고객의 건강과 만족을 동시에 달성해야 하는 중요한 임무를 수행한다. 급식경영자는 기획, 조달, 생산, 서비스 제공 등 다양한 측면에서 급식운영 전반을 관리하며, 조직의 목표와 특성에 맞춰 효율적인 급식 시스템을 구축하고 운영해야 한다.

민츠버그(Mintzberg, 1975)는 경영자의 역할을 크게 의사결정 역할, 대인관계 역할, 정보전달 역할로 나누고, 이를 다시 10개의 세부 역할로 나누어 설명하였다.

표 1-5 민츠버그의 경영자 역할

경영자 역할		내 용
대인관계 역할 (interpersonal roles)	대표자 (figurehead)	• 급식소 대표자로서 행사 참석, 내빈 접견, 문서 서명 등 상징적 임무 수행
	지도자 (leader)	• 리더로서 부하 직원 지휘, 동기부여, 훈련, 상담, 커뮤니케이션 수행
	연결자 (liaison)	• 급식소 내·외부, 상하, 좌우 간의 관계에 있어서 연결 고리의 역할을 함
정보전달 역할 (informational roles)	정보탐색자 (monitor)	• 급식소 외부 환경 관련 정보 검색과 수집, 분석과 보고 등 직간접적 방법을 통하여 수집함
	정보제공자 (disseminator)	• 조직 내외 수집한 정보를 구성원에게 제공하고 전파
	대변인 (spokesperson)	• 내부 정보를 이해관계 집단 구성원에게 설명, 보고, 홍보하며 전달
의사결정 역할 (decisional roles)	기업가 (entrepreneur)	• 조직의 성장과 발전을 위해 사업 기획이나 아이디어 개발
	갈등조정자 (disturbance handler)	• 구성원 간의 갈등 해결, 환경적 위기나 애로사항 해결
	자원배분자 (resource allocator)	• 경영 자원의 배분, 사업계획, 예산 집행 우선순위 조정
	협상자 (negotiator)	• 외부와의 구매 및 판매 계약 시 협상 임무

출처: Mintzberg(1975).

2) 급식경영의 대상

급식경영이란 급식조직의 목표를 달성하기 위하여 물적, 인적자원의 사용을 계획, 조직화, 지휘, 조정 및 통제하는 일련의 과정이다. 그러므로 급식조직은 자원을 효율적이고 효과적으로 사용하여 고객에게 만족도 높은 식사를 제공하는 데 그 목적을 둔다. 즉 조직이란 사람들을 단순히 모아 놓는 것이 아니라 모임의 목적을 이루기 위하여 각자의 위치와 서로 간의 관계를 정립한 것이다. 조직 구성원들의 직무를 적절하게 설계하고 배분하는 것을 조직화(organizing)라고 한다. 조직 운영을 위한 조직화의 일반원칙은 표 1-6과 같다.

표 1-6 조직화의 원칙

원칙	내용
전문화의 원칙 (분업의 원칙)	• 조직 구성원이 가능한 단일의 전문화된 업무를 수행하도록 일 분담 • 분업과 동시에 전문화가 이루어질 수 있음 • 분업(전문화)에 의하여 조직 능률 촉진됨
명령 일원화의 원칙 (명령 통일의 원칙)	• 라인(line)에 따라 한 부하는 언제나 한 상사에게만 명령을 받도록 함 • 권한 및 책임의 명료화, 부하의 효율적 통제 가능, 상위자가 전체적인 조정 용이, 하위자는 상위자의 명령, 보고 관계 일원화
감독 한계 적정화의 원칙 (감독 범위 적정화의 원칙)	• 기관 책임자가 직접적으로 지휘, 감독할 수 있는 부하의 수에는 일정한 한계 또는 합리적 범위가 있음 • 감독 한계가 광범위하면 의사전달이 곤란하고 능률이 저하됨
권한 위임의 원칙	• 부하의 독자적 판단으로 직무를 수행할 수 있도록 상사가 자신의 직무수행 권한을 하위자에게 위임하는 것 • 권한 위임의 장점은 신속한 의사결정 및 직무의 신속한 처리가 가능하며, 조직 구성원에 대한 동기부여의 효과, 관리자의 부담 경감, 부하의 잠재 능력의 발견 가능, 인재 육성 가능
계층 단축화의 원칙	• 상하의 계층이 길게 되면 의사소통 불충분, 명령 전달 지연, 인건비 증대의 폐단이 생기므로 조직의 계층을 단축하여 업무를 효율화함
삼면 등가의 원칙	• 조직 내에서 공식적인 관계는 권한, 의무, 책임의 세 가지 기본 관계로 형성되며 이 세 가지는 직무에 동등하게 부여되어야 함

조직의 공식적인 위치와 관계 즉, 조직화 상태를 도식화한 것이 조직도(組織圖)이다. 급식소 조직도의 예는 그림 1-3과 같다.

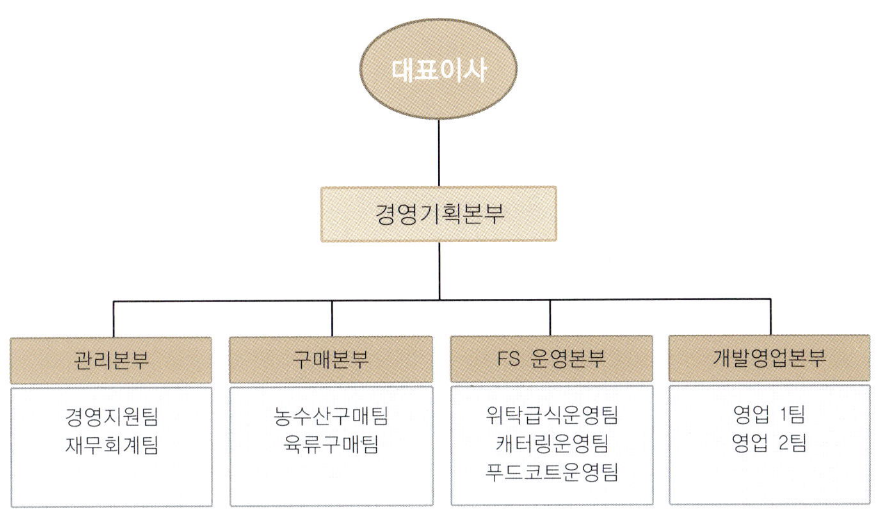

그림 1-3 위탁급식 기업의 조직도(예시)

3) 급식경영의 내용

(1) 급식경영 업무

경영의 내용에는 전략, 관리, 운영의 세 가지 활동이 포함되며 조직 내에서 각기 다른 수준과 역할을 담당하며, 목표 달성을 위한 단계별 접근 방식이 필요하다.

전략(strategy)은 장기적인 비전과 방향성을 설정하는 반면, 관리(management)는 전략을 실행하기 위한 자원과 프로세스를 관리한다. 운영(operation)은 일상적인 활동을 통해 전략과 관리 계획을 구체적으로 실행하는 단계이다. 그림 1-4와 같이 경영자 위치에 따라 상위 경영층은 전략 활동을, 중간 경영층은 관리를, 하부 경영층은 주로 실무의 운영을 담당한다.

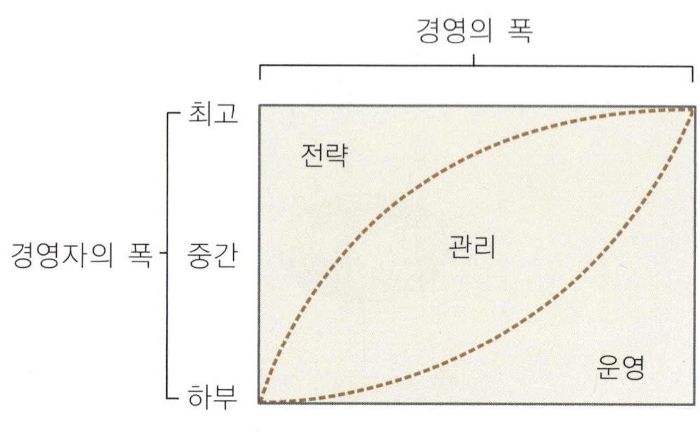

그림 1-4 경영자와 경영 내용의 관계

급식경영을 업무적 기능에 따라 구분하여 보면 메뉴관리, 구매관리, 생산 및 작업관리, 위생관리, 시설·설비관리, 인적자원관리, 원가 및 정보관리, 마케팅 관리 등 단체급식 운영 기능들이 여기에 해당된다.

① 메뉴관리

메뉴는 급식관리에 있어서 가장 주요한 관리 대상으로 고객의 요구를 충족시킴과 동시에 조직의 목표를 달성할 수 있도록 계획, 관리되어야 한다. 그러므로 고객 측면과 급식관리 측면과 관련된 다양한 요인들을 고려하여 최대의 효과를 거둘 수 있는 메뉴가 되도록 계획하여야 한다.

② 구매관리

급식소에서 구매는 음식의 생산, 조리 및 배식업무와 함께 급식 활동의 기초가 되므로 조직의 전체적인 입장에서 구매관리가 신중하게 이루어져야 한다. 구매관리란 음식을 생산하는 데 필요한 물품을 확보하는 기능으로 구매, 검수, 저장, 재고관리가 이에 포함된다.

③ 생산 및 작업관리

급식의 목적을 달성하기 위해서는 투입된 자원으로부터 급식 서비스를 산출하는 모든 과정에서 각 부문이 유기적인 시스템을 이루어야 한다. 생산관리에서는 표준 레시피, 전처리, 대량 조리, 분산 조리, 보관과 배식, 보존식관리, 배선관리 등이 포함된다.

작업관리란 생산공정 작업을 능률적이고 효과적으로 수행하기 위한 제반관리 업무이다. 작업관리 목표는 생산성 향상에 있으며 인간이 관여하는 작업을 전반적으로 검토하고 작업의 경제성과 효율성에 영향을 미치는 모든 요인을 체계적으로 조사, 연구함으로써 생산 활동에서 인적, 물적자원의 최대한 이용을 추구한다. 즉, 경영 목적 달성을 위하여 최소한의 시간, 노력, 경비를 들여 좋은 제품과 서비스를 생산하고자 하는 데 작업관리 의의가 있다.

④ 위생관리

급식에서 위생관리의 목적은 급식의 제반 과정에서 안전하고 위생적인 식품을 제공함으로써 고객의 안전을 지키는 것이다. 식품위생은 식품의 원료에서부터 식탁에 오르기까지의 모든 단계에서 생물학적, 화학적, 물리적 각종 위해 요소가 포함되지 않도록 안전성을 추구하는 것이다.

⑤ 시설·설비관리

급식소에서의 시설은 작업공간과 여기에 설치된 기기를 포함하며, 설비는 급·배수, 환기, 열원, 조명, 냉난방 등을 일컫는다. 효율적인 시설설비 관리를 위해서는 단순히 기기나 공간의 배열만이 아닌 설계단계에서부터 위생, 안전성, 능률, 경제성이 확보될 수 있도록 계획되어야 한다. 또한 관련 법령(식품위생법 시행규칙)에 따른 시설기준을 준수해야 한다.

최근 급식소는 자동화, 에너지 절감형 기기 보급이 확산되고 있으며, 고객 휴게 공간으로서 의미가 커지고 있는 식당 인테리어도 고급화되고 특색 있게 꾸며지고 있다. 급식소 시설·설비는 급식소 유형, 예산 규모, 급식 대상, 제공 메뉴, 식재료 형태, 배식 형태, 식당 좌석수와 회전율, 설비 조건, 관련 법규, 종업원, 복리후생시설 등 다양한 급식 환경 요구도를 고려하여 계획되어야 한다.

⑥ 원가 및 정보관리

급식소 원가 및 정보관리를 위해서는 식재료의 구입부터 음식 제공 및 판매에 이르기까지 원가 흐름의 단계마다 정확한 기록과 효율적 관리가 이루어져야 한다. 최근 원가 및 정보관리 중요성이 부각되면서 급식 관리자들에게 원가를 계획하고 실행하며 분석 및 시정할 수 있는 능력이 요구되고 있다. 급식운영을 위한 예산 수립, 새로운 기기 구입 및 시설 개선, 판매가격 조정과 같은 다양한 재무 의사결정을 위해서는 원가관리가 필수적이다.

급식 관리자는 식재료비, 인건비 및 제반 운영경비를 파악하여 원가관리 계획을 세우고 이와 연관된 손익관리를 효율적으로 수행하여야 하며, 급식 시스템 전산화가 이루어지면서 정확하고 신속한 원가관리 업무를 위하여 급식 관리자의 숙련된 정보처리 기능이 요구되고 있다.

⑦ 마케팅 관리

급식시장의 성장률 둔화, 위탁급식업체 간 경쟁 심화, 산업체 경기 침체로 식수 감소, 고객 욕구의 다양화 및 고급화 등 외부·내부적 급식 환경이 급변하는 가운데 고객 만족을 높이기 위한 마케팅 관리 중요성이 커지고 있다. 단체급식소가 생산자 중심에서 고객 중심으로 사고가 전환되면서 생산 및 운영관리, 원가관리, 인적자원관리 기능들이 마케팅 활동을 효과적으로 지원하는 통합적 마케팅 시스템으로 변모해 가고 있다. 마케팅이란 고객과 조직의 목적을 충족시켜 주는 교환이 일어날 수 있도록 아이디어, 제품, 서비스의 개발, 가격 결정, 유통, 촉진을 계획하고 실행하는 과정으로 이러한 마케팅을 효과적으로 수행하기 위해서는 마케팅 활동 역시 계획, 실행, 통제하는 마케팅 관리 프로세스가 필요하다.

(2) 급식경영 과정

급식조직의 하위 단위는 상호 의존적이며 유기적으로 구성 결합되어 전체적인 시스템을 이루고 있다. 페이욜(Henri Fayol)은 경영관리 기능을 계획, 조직, 지휘, 조정, 통제의 다섯 가지로 제안하였으며 그 이후 여러 학자들에 의해 다양하게 정의되었으나 모든 학자들의 공통적인 과정 요소는 계획 수립(planning), 조직화(organizing), 통제(controlling) 기능으로서 이 세 가지 기능은 경영관리의 핵심 기능이다. 이 세 가지 요소 기능은 단독적으로 성립, 실행되는 것이 아니라 서로 밀접한 관계를 가지고 하나의 순환체계를 이루고 있어 이를 관리 기능의 순환과정 또는 매니지먼트 사이클이라고 부른다.

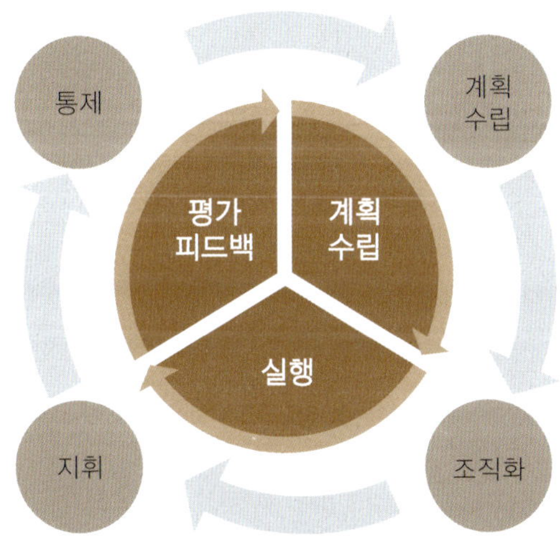

그림 1-5 경영관리 순환체계(management cycle process)

급식경영학

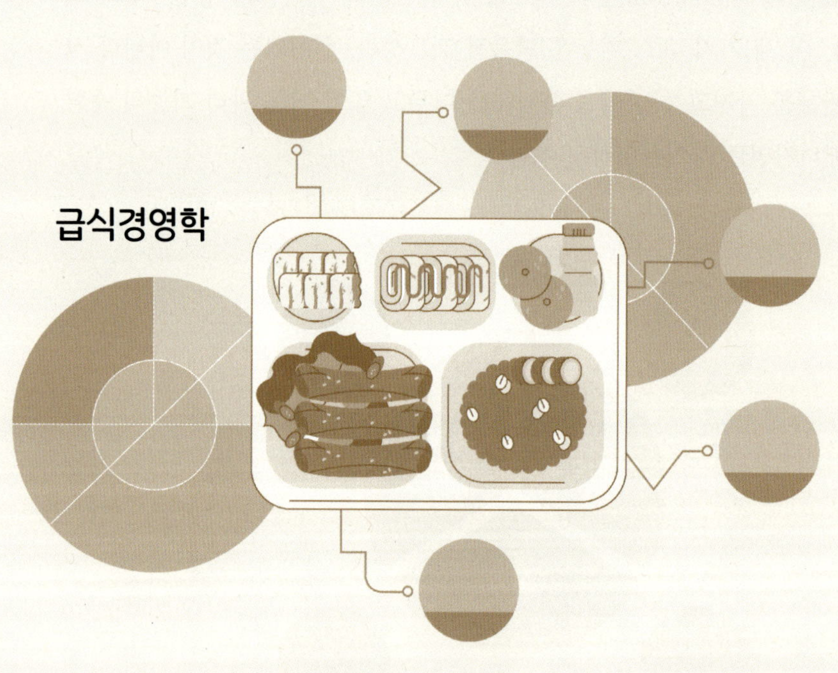

Chapter 02

경영이론과 급식 시스템

급식경영이론은 급식소를 효율적이고 효과적으로 운영하기 위한 핵심적인 원리와 방법을 제공한다. 경영이론과 시스템 이론을 체계적으로 학습하여 영양 균형 잡힌 식단제공, 위생적인 환경관리, 인력 및 자원관리 그리고 고객 만족도 향상으로 이어져 급식 서비스의 전반적인 질을 향상시키는 데 기여해야 한다.

학습목적

경영이론에 대한 역사적 발전 배경과 시스템 모형 이론을 개념적으로 이해하여 급식경영에 적용하며, 급식 시스템의 다양한 유형의 특성을 이해하고 현장에 맞는 급식체계를 도입할 수 있다.

학습목표

1. 경영이론의 발전 과정을 이해할 수 있다.
2. 전통적 관리이론을 설명할 수 있다.
3. 인간중심 경영이론을 설명할 수 있다.
4. 상황적합 경영이론을 설명할 수 있다.
5. 급식 시스템의 모형을 설명할 수 있다.
6. 급식소 종합품질경영 개념을 이해하고 설명할 수 있다.
7. 전통 급식 시스템 유형을 이해하고 설명할 수 있다.
8. 중앙 공급식 급식 시스템의 특성을 설명할 수 있다.
9. 조리 저장식 급식 시스템의 특성을 설명할 수 있다.
10. 조합식 급식 시스템의 특성을 설명할 수 있다.

1 경영이론 기초

국내 급식시장의 포화, 급속한 국내외 시장 환경의 변화에 따라 급식경영 환경은 더욱 복잡해지고 해결해야 할 어려움이 많아지고 있다. 실제 기업경영 현장에서 일어나는 다양한 문제를 해결하기 위해서는 여러 학자들의 경영이론을 살펴보는 것이 적절한 해결 방안을 모색하는데 도움이 된다. 급식경영자는 과거 경영이론을 바탕으로 새로운 경영이론을 적극 수용할 수 있어야 한다.

1) 전통적 관리이론(Classical management theory)

근대 경영학은 19세기 말 영국 산업혁명의 공장식 생산제도에서 비롯되었다. 테일러(F. W. Taylor)의 과학적 관리법과 함께 다양한 관리이론들이 출현하면서 생산성 향상에 크게 기여하였다. 전통적 관리이론은 조직 전체의 능률을 증대시키는 데 초점을 두는 관리이론으로 경영학의 출발점이 되었다.

19세기 후반에 대규모 제조산업이 급격히 발전하면서 일의 분업과 작업의 단순화 및 기계화가 도입되었다. 이는 실업, 장시간 노동, 임금 인하 등으로 노동자의 불만이 증가하였고, 노동자의 조직적 태업을 방지하고 작업 효율성 및 생산성을 증가시키는 것이 경영자들의 중대한 관심사로 제기되면서 과학적 관리법이 대두 되었다. 과학적 관리법(scientific management)은 종업원의 능률을 개선시키기 위하여 작업과 작업장의 합리적, 과학적 연구에 초점을 두는 관리 관점을 말한다.

20세기 초 과학적 관리의 발전에 가장 중요한 영향을 미친 사람은 테일러(F. W. Taylor)였으며, 이후 간트(H. Gantt), 길브레스 부부(F. and L. Gilbreth), 포드(H. Ford)에 의해 더욱 발전되었다. 간트는 공장생산의 생산계획, 일정계획, 진도관리 등에 사용되는 간트 차트를 고안하였다. 길브레스는 과학적인 동작연구를 통해 불필요한 동작을 제거해 시간 절감과 피로도를 낮추어 생산성을 높이려는 연구를 하였다. 포드는 생산의 표준화, 이동 조립법을 통한 경영 합리화에 의해서 원가절감을 이루려 하였다. 자동차 생산에 컨베이어 벨트 시스템을 도입하여 대량 생산과 원가절감을 달성할 수 있었고, 이러한 생산관리 방식을 포드시스템이라고 한다. 포드는 제품의 규격화, 공정의 전문화, 작업의 단순화를 주장하였다.

테일러와 같은 시기에 프랑스 학자 페이욜(Fayol)은 최고 경영자의 관점에서 조직을 관리하는 데 필요한 관리일반이론(Administration theory)을 기술하였으며, 이는 오늘날 관리이론의 기초가 되었다. 그는 기업은 규모나 산업의 종류에 관계없이 기술, 영업, 재무, 안전, 회계, 관리의 여섯 가지 기능을 가지고 있다고 하였다.

독일의 사회학자인 베버(Weber)는 관료이론(Bureaucracy)을 주장하였으며, 관료 조직을 원칙, 질서, 합법적 권위에 기초한 가장 효율적이고 이상적인 조직으로 보고, 이를 통해 행정의 문제점을 해결하고 생산성을 향상시킬 수 있다고 하였다.

이처럼 전통적 관리이론은 작업의 능률 개선에 크게 기여하여 종업원의 생산성 증대와 생산비용 절감에 기여하였다. 그러나 인간의 노동을 지나치게 기계적으로 취급함으로써 작업자의 주체성이나 인간성이 무시되는 결과를 낳았으며, 노조의 존재를 부정함으로써 기업주의 독재를 조장하고 분배의 불공정성이 오히려 가중된다는 비난도 받았다.

표 2-1 전통적 관리이론(20세기 초)의 주요 내용

주요 이론	사상가	주요 내용
과학적 관리이론	테일러	• 과학적 관리법의 창시자 • 시간 및 동작연구를 기초로 한 작업연구, 과학적 관리원칙 제시, 차별성과급제도 고안
	간트	• 테일러의 사상 확장 • 간트 차트 창안, 과업상여급제 고안
	길브레스 부부	• 테일러의 사상 보완, 발전시킴 • 동작연구 완성, 직무표준 설정 • 서브릭(Therblig) 기호 고안
	포드	• 컨베이어 벨트 시스템 고안 • 대량 생산 계기 마련, 고임금/저가격 원칙 실현
관리일반이론	페이욜	• 관리 활동을 계획, 조직, 지휘, 조정, 통제로 구분 • 14가지 관리원칙 제시
관료이론	베버	• 관료 조직의 원칙 주장 • 분업에 따른 권한과 책임 규정, 표준적 규칙과 절차, 명확한 조직 내 위계질서, 공개채용, 직무별 의무화 책임 명시, 전문경영자 필요성 등

2) 인간중심 경영이론(Human relations approach)

전통적 관리이론들은 생산 과정의 능률연구에 목적을 두었는데 이는 인간을 기계와 같이 취급한다는 반발에 부딪히며 1930년대 인간중심의 경영이론이 대두되었다. 인간적인 측면을 강조하는 인간중심 경영이론은 인간관계론과 행동과학 이론이 있다.

인간관계론(human relations theory)의 발달에 직접적인 계기가 된 것은 호손 실험이었다. 이 실험은 메이요(Mayo) 등이 중심이 된 시카고 근교 서부전기회사(Western Electric Co.)의 호손(Hawthorne) 공장에서 산업의 능률과 인간의 관계를 규명하기 위하여 1924년부터 약 8년에 걸쳐 이루어졌다. 호손실험은 조명실험(1924–1927), 릴레이 조립실험(1927–1929), 면접실험(1928–1930), 배선작업 관찰실험 등을 통하여 인간이 물질적인 요인에 의해서 뿐만 아니라 정서적, 심리적 측면에 영향을 받는다는 사실을 알려주었다. 이는 종업원의 사기나 조직 구성원의 만족과 같은 인적 요인들이 조직 성패를 좌우한다는 인간관계론이 태동하는 계기가 되었다. 인간관계론은 인간 행동에 대한 보다 과학적인 접근을 시도하는 행동과학(behavioral science)의 토대가 되었다.

행동과학은 인간의 행동을 복잡한 대상이자 관리의 중요한 측면으로 보고 종업원의 동기부여를 강조하였으며 리더십 이론이나 직무만족, 직무설계에 대한 현대적 이해에 크게 기여하였다. 대표적인 행동과학이론으로 매슬로우의 욕구계층이론, 맥그리거의 XY이론, 허즈버그의 2요인 이론, 아지리스의 성숙이론 등이 있다.

표 2-2 인간중심 경영이론의 주요 내용

주요 이론	발표 시기	사상가	주요 내용
인간관계론	1930년대	메이요	• 호손실험(19241930) : 산업 능률과 인간의 관계 규명 실험, 종업원 사기나 만족이 중요하다는 결론
행동과학	1960년대	맥그리거	• X이론 : 인간 본성에 대한 부정적 견해 • Y이론 : 인간 본성에 대한 긍정적 견해
	1957년	아지리스	• 성숙, 미성숙이론 : 관리자가 종업원들이 조직 내 성장하고 성숙할 수 있는 기회를 주어야 동기부여가 된다고 주장
	1943년	매슬로	• 인간은 생리, 안전, 소속, 존경, 자아실현의 욕구를 순차적으로 만족시키려 한다고 주장

3) 상황적합 경영이론(Situational theory)

1960년대 중반부터 등장하기 시작한 상황적합 경영이론은 조직 내·외부를 둘러싼 환경과 그 상호작용에 대해 폭넓게 접근해야 할 필요가 있다는 시스템적 접근 이론을 더욱 발전시킨 이론이다. 1980년대 이후 본격적으로 전개되었으며, 조직 설계나 관리, 문제해결에 있어서 최선의 방법이나 어떤 보편적인 규칙이 없고, 상황적인 변수나 결정요인에 따라 관점을 적용해야 한다는 것이다.

복잡한 인간행동이나 사회변화가 가속화됨에 따라 모든 조직이나 기업에 적용될 수 있는 합리적인 경영 방식을 찾는 것은 더욱 어려운 일이 되었고, 이에 따라 다양한 경영이론들이 쏟아져 나오고 있다.

그림 2-1 경영이론의 발전

2 급식 시스템의 구성체계

1) 급식 시스템 모형

시스템(system)이란 전체의 목표를 달성하기 위해 상호 유기적으로 관련된 하부 시스템(subsystem)의 집합으로 정의된다. 우리가 살고 있는 사회, 기업, 정부, 학교 등도 모두 시스템적 구조를 이루고 있으며 급식조직체 역시 급식소 내 하부 시스템이나 세부 기능들이 급식의 목적을 달성하기 위해 상호작용하는 급식 시스템이다. 급식조직 한 부분의 변화가 다른 부분에 영향을 미치고 이 과정에서 서로 통합, 조정이 이루어지면서 전체 급식 시스템에 새로운 가치가 창출될 수 있다.

급식 시스템은 크게 투입(input), 변환(transformation), 산출(output)이라는 기본 시스템 요소에 통제(control), 기록(memory), 피드백(feedback) 세 가지 요소가 추가된 확장 시스템 모형이다.

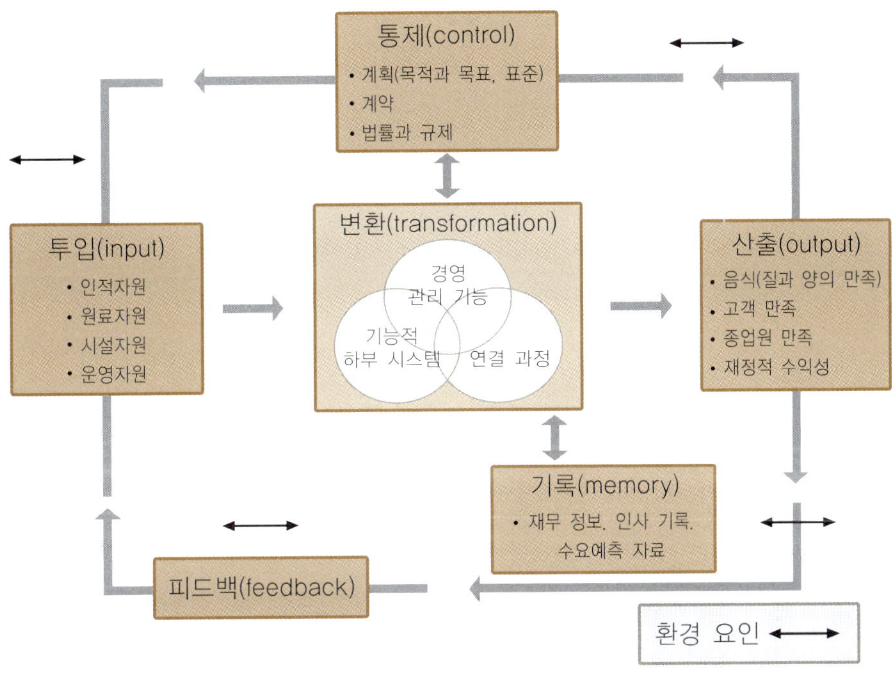

출처: Spears & Gregoire(2007).

그림 2-2 급식 시스템 모형의 6가지 구성 요소

(1) 투입

급식 시스템의 투입 요소는 시스템의 목적을 달성하기 위해 필요한 모든 인적, 원료, 시설 및 운영자원들을 일컫는다. 조직의 목적과 계획에 따라 시스템의 투입 요소는 달라지게 된다. 예를 들어 프리미엄 급식소를 운영할 계획이라면 이에 맞는 능력을 갖춘 조리사를 고용하고, 필요한 식자재와 시설, 인테리어도 여기에 맞추어야 할 것이다.

표 2-3 급식 시스템의 투입 요소

종류	내용
인적자원(human)	• 노동력 : 조리인력, 관리인력 • 기술 : 메뉴개발 기술, 조리작업 기술, 관리 기술, 특허
원료자원(materials)	• 식재료 : 급식 원재료, 가공식품 • 물품 : 소모품, 비품
시설자원(facilities)	• 장소 : 급식소, 조리장, 저장 공간 • 기기 : 급식기기 및 시설
운영자원(operational)	• 자본 : 자산, 자본 등 • 시간 : 작업 및 업무 시간 • 에너지 : 전기, 가스, 상하수도 등 • 정보 : 급식운영에 필요한 자료, 정보, 지식 등

(2) 변환

변환은 투입을 산출로 만드는 모든 활동이 관련되어 있다. 식재료 구매와 생산 활동, 분배와 배식, 위생과 유지 등을 비롯한 자원을 효율적으로 관리하는 모든 활동 등이 여기에 포함된다.

급식경영 관리자가 위생품질 향상을 목표로 위생관리 프로그램을 계획하고 훈련을 실시하고 이를 지시하며 위생평가를 통해 통제를 하는 일련의 관리 활동이 여기에 해당된다.

다양한 상황에 맞게 적절한 의사결정을 하거나 의사소통을 통해 조직 내의 정보를 전달하는 일 그리고 시스템 내 다양한 활동들을 조정하는 균형 유지 활동 등도 해당된다.

(3) 산출

급식 시스템의 산출요소에 해당되는 것은 양적, 질적으로 고객의 요구를 충족시키는 음식, 고객 만족 및 종업원 만족 등을 들 수 있으며, 경영면에서 재정적 수익성도 산출의 한 요소가 된다.

(4) 통제

통제는 내부 통제요소와 외부 통제요소로 나눌 수 있다. 내부 통제요소는 조직 목적, 목표와 같은 다양한 계획들이다. 예를 들어 TQM 같은 품질경영기법은 급식소 내 모든 활동을 통제하는 강력한 도구로 사용된다. 또한 메뉴는 투입과 변환을 통제하는 대표적인 요소라고 할 수 있다.

외부 통제요소는 정부나 행정기관의 법규나 규제 등으로 단체급식소에 적용되는 식품위생법규나 HACCP제도, 한국인영양소섭취기준 등을 들 수 있다. 고용 계약이나 구매 계약, 그리고 급식위탁 계약 등도 또 다른 통제요소의 예이다. 통제요소는 조직 목적 달성에 맞게 효과적이고도 효율적으로 조직의 재원을 활용할 수 있게 해 준다. 급식소가 법적인 제약이나 규제 내에서 기능을 할 수 있게 보호해 준다. 운영평가 시 기준이 된다.

(5) 기록

기록요소는 시스템 운영에 필요한 정보나 과거 기록을 계속적으로 저장하고 보관하는 것이다. 과거 자료에 대한 분석을 통해 관리자들은 과거의 실수를 되풀이하지 않도록 미래의 계획을 세울 수 있다. 컴퓨터 기술의 발달로 기록 능력도 혁신적으로 증가되었으며 자료 보관을 위해 디지털 기록장치를 사용함으로써 대용량의 문서와 기록들을 보다 빠르게 찾고 활용할 수 있게 되었다.

(6) 피드백

피드백은 내적, 외적 환경 정보를 시스템이 계속 수용하도록 하는 과정으로 시스템이 환경 변화에 적응하도록 도움을 준다. 예를 들어 급식경영 관리자들은 고객이 의견이나 잔반, 비용, 음식의 기호도 등으로부터 귀중한 피드백을 받는다. 효과적인 피드백 메커니즘이 없으면 시스템은 폐쇄적이게 되고 결국 도태될 수밖에 없게 된다.

2) 종합품질경영(TQM)

그림 2-3 종합품질경영(Total Quality Management)

글로벌, 정보화, 소비자 요구의 다변화 등으로 기업 환경의 경쟁은 더욱 심화되고 있어 경영자들은 제품과 서비스 품질을 개선하는 것을 최우선 목표로 품질이 경쟁의 핵심 도구가 되고 있다. 종합품질경영(Total Quality Management, TQM)은 전사적 품질관리라고도 하며 기업 활동의 전반적인 부분의 품질을 높여 고객 만족을 달성하기 위한 경영 방식이다.

기존의 품질관리는 주로 제품과 서비스에 대한 관리였으나, TQM에서는 조직 및 업무의 관리에도 중점을 두어 구성원 모두가 품질 향상을 위해 노력하여야 한다. 제품 및 서비스 생산 과정 개선, 지속적인 종업원 교육, 바람직한 기업 문화 창출, 미래 경영 환경 대비, 신기술 개발 등을 통해 경쟁력을 높이고 장기적인 성장을 도모할 수 있다.

전사적 품질경영이란 재화나 서비스를 전달하는 데 연관되는 모든 사업 과정을 계속적으로 향상, 개선함으로써 고객을 만족시키는 데 조직이 전체적으로 관여하는 것이다. 여기에서 전사적이란 것은 통합적인 개념으로서 종업원, 협력업체(원료 공급업자, 중간상 등), 고객 등 모든 구성원과 생산, 마케팅, 기술개발, 디자인, 구매, 물류 등 모든 기능 부서가 참여하는 것을 의미한다.

가치(values)

- 최고 경영층의 헌신
- 과정 중심적 사고
- 모든 구성원의 참여
- 지속적인 향상
- 고객 우선
- 사실에 근거한 결정

평가도구(tools)

- 관계도 (Relation Diagram)
- 수형도 (Tree Diagram)
- 컨트롤 차트 (Control Charts)
- 요인 설계 (Factorial Design)
- 이시카와 그램 (Ishikwa Diagram)
- 프로세스 맵 (Process Maps)
- ISO 9000
- 말콤 볼드리지 품질상

테크닉(technlques)

- 벤치마킹
- 과정관리
- 자기평가
- 방침관리 (Policy Deployment)
- 품질기능전개 (Quality Function Deployment)
- 공급자와의 연계 (Supplier Partnership)
- 종업원 개발 (Employee Development)
- 품질관리서클 (Quality Circles)

그림 2-4 종합품질경영(Total Quality Management) 하위 항목들

3 급식 시스템의 유형

급식 시스템의 유형은 전통 급식 시스템, 중앙 공급식 급식 시스템, 조리 저장식 급식 시스템, 조합식 급식 시스템 등 네 가지가 있다.

1) 전통 급식 시스템(Conventional food service system)

가공되지 않는 원 식재료를 구입하여 급식 장소에서 손질하여 조리한 후, 식당에서 배식하는 시스템으로 한 장소에서 조리 생산과 급식 소비가 이루어진다. 장점은 생산된 음식을 따뜻하게 또는 차갑게 적온급식을 할 수 있다는 점이다. 단점으로는 급식 시간대에 업무가 집중되므로 피크타임에 많은 노동력을 필요로 한다. 급식을 위해 숙련된 조리원이 필요하므로 인건비가 상승하는 특징이 있다.

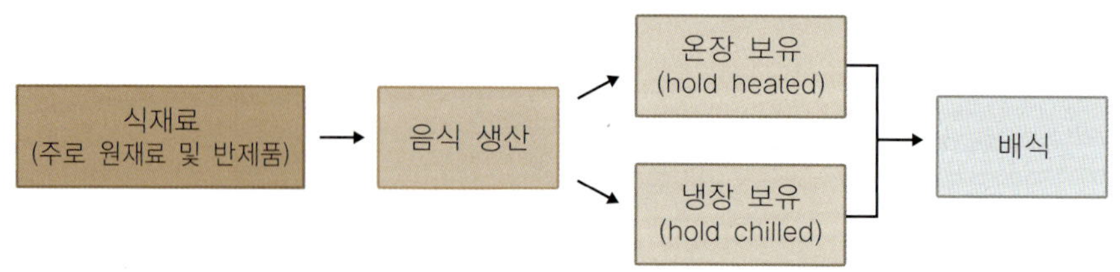

그림 2-5 전통 급식 시스템

2) 중앙 공급식 급식 시스템(Commissary food service system)

급식 설비의 발달은 중앙 공급식 급식 시스템을 발달시켰다. 음식 재료의 구입과 음식 생산 설비 등을 중앙 집중화하고, 만들어진 음식을 여러 곳으로 배분함으로써 배달된 곳에서 최종적으로 재가열 및 배식하는 시스템을 말한다. 음식은 대량으로 준비되어 차가운 음식은 차갑게 뜨거운 음식은 뜨거운 상태로 운반한다.

음식의 온도를 유지할 수 있는 운반기구를 필요로 한다. 중앙 공급식 급식 시스템의 조리장에서는 다량의 식품을 구매하여 손질하므로 가공할 수 있는 기계와 저장시설을 필요로 한다. 장점으로는 대량으로 식품을 구입해 가공하므로 비용을 절감할 수 있다. 단점은 음식을 운송하고 배분하는 과정에서 품질의 안전성에 대한 위험 요인에 노출될 수 있다. 관능적 품질 저하뿐만 아니라 미생물적인 품질 저하를 가져올 수 있다.

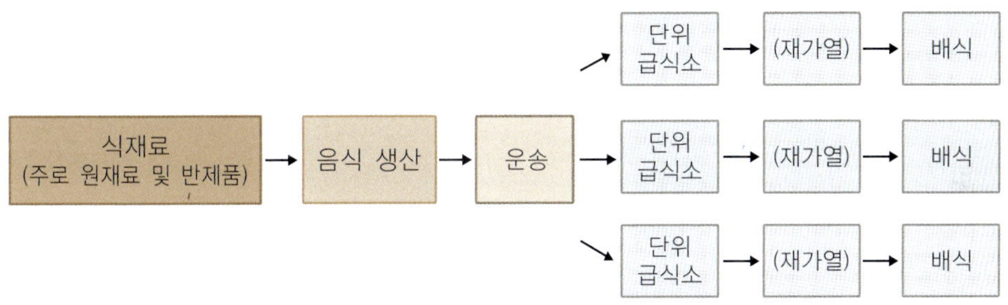

그림 2-6 중앙 공급식 급식 시스템

3) 조리 저장식 급식 시스템(Ready prepared food service system)

이 시스템은 인건비 증가로 인한 숙련 기술자의 부족을 해결하기 위해 만들어졌다. 음식을 생산해 피급식자에게 바로 공급하지 않고 냉장, 냉동을 통하여 일정 기간 저장한 후 필요할 때 간단히 재가열해 제공한다. 생산과 소비가 연속적으로 이루어지지 않는다.

쿡칠(cook-chill) 방법과 쿡프리즈(cook-freeze) 방법, 수비드(sous-vide) 방법이 많이 쓰인다. 음식 생산 후 빠르게 냉각하거나 냉동해 저장 후 필요할 때 사용한다. 이를 위해 효율적인 재가열 설비가 필요하다. 수비드는 음식을 생산한 후에 파우치에 넣고 진공 포장하여 저장했다가 끓는 물에 넣어 재가열하여 사용하는 방법이다. 장점으로는 조리 종사원을 효율적으로 활용함으로써 피크타임을 줄이고 인건비를 낮출 수 있다. 사전 계획에 의한 조리가 가능하므로 소비자가 원하는 다양한 선택 메뉴를 제공할 수 있다. 단점으로는 제품 생산의 특성상 식품 미생물에 의한 위해와 재가열에 의한 품질 저하가 일어날 수 있다.

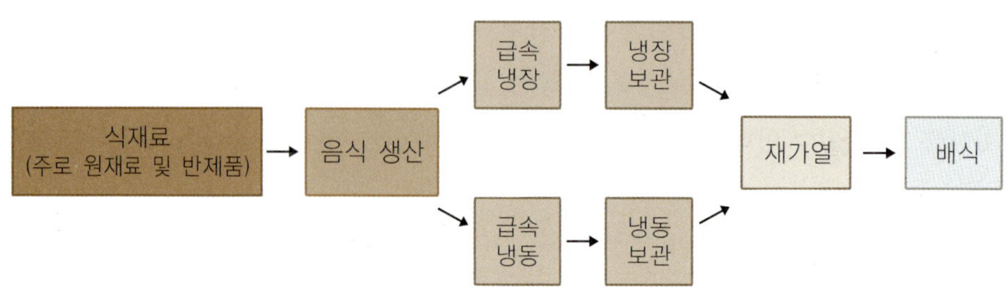

그림 2-7 조리 저장식 급식 시스템

4) 조합식 급식 시스템(Assembly foodservice system)

편의 식품 급식 시스템이라고도 하며, 최소의 조리를 필요로 하는 급식 시스템이다. 인건비의 상승과 숙련된 조리사의 부족으로 생겨난 급식 시스템이다. 가공된 식품을 구입하여 저장 재조합, 가열과 서비스를 거쳐 음식을 제공한다. 장점으로는 인건비의 절감과 급식소 시설의 최소화로 초기 투자 비용이 절감된다. 단점으로는 식재료비의 증가를 가져올 수 있다. 이미 조리되어 있는 음식을 구입하므로 품질이나 맛의 통제가 어렵고, 일률적인 음식을 제공하므로 개인의 기호와 욕구를 충족시키기 어렵다.

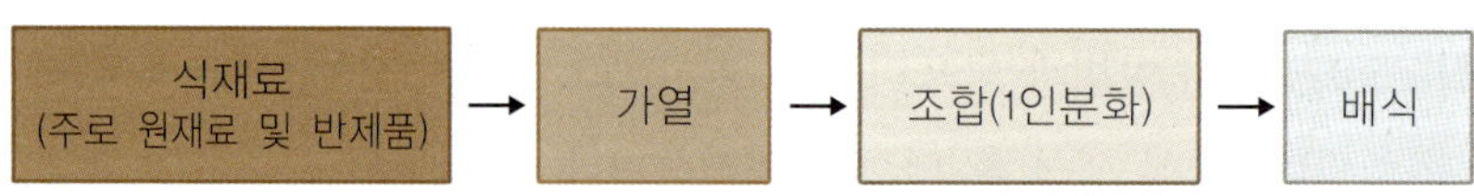

그림 2-8 조합식 급식 시스템

Chapter 03

급식경영 관리

조직관리의 성공 여부는 계획 수립에 달려 있다. 끊임없이 변화하는 고객들의 요구와 기호에 부응하지 못하는 조직은 결국 실패할 수밖에 없다. 급식경영자들은 고객의 욕구와 동기를 파악하고 이에 맞는 제품과 서비스를 개발할 수 있도록 치밀하고 체계적인 계획 수립을 해야 한다.

학습목적

경영관리 계획 수립의 개념과 기법, 조직화, 경영 통제와 피드백 개념을 이해하여 이를 급식조직 경영에 적용한다.

학습목표

1. 계획의 계층 구조를 설명하고 관리 계층과 연결하여 설명할 수 있다.
2. 계획을 적용 기간과 용도에 따라 분류하고 이를 설명할 수 있다.
3. 계획 수립의 기법 중 예측기법, 벤치마킹, 목표관리법, 시나리오 프래닝 등에 관한 개념을 설명할 수 있다.
4. 조직화의 원칙 개념을 이해하고 설명할 수 있다.
5. 조직 분화의 개념을 이해하고 급식조직에 적용할 수 있다.
6. 라인조직, 직능식 조직, 라인·스태프 조직 형태의 특성을 파악하고 설명할 수 있다.
7. 경영 통제의 필요성을 설명할 수 있다.
8. 경영통제 과정 및 유형을 설명할 수 있다.
9. 경영통제 기법 종류를 설명할 수 있다.

1 경영 계획 수립

경영 계획은 기업의 장래를 예측하고 기업의 미래 모습을 부각시키는 모든 의사결정을 말한다. 조직관리에 필요한 여러 가지 활동을 합리적으로 수행하기 위해서는 조직이 나아갈 방향과 행동 과정이 결정되어야 한다. 경영 계획은 조직의 목적과 목표를 설정하고 이를 달성하기 위한 전반적인 전략을 수립하며 이러한 활동을 통합, 조정할 수 있는 체계를 확립하는 과정을 말한다.

계획 수립(planning)은 경영관리 순환 과정 중 가장 먼저 시작되는 활동으로서 조직화(organization), 지휘(leading), 통제(controlling) 기능의 기초가 된다.

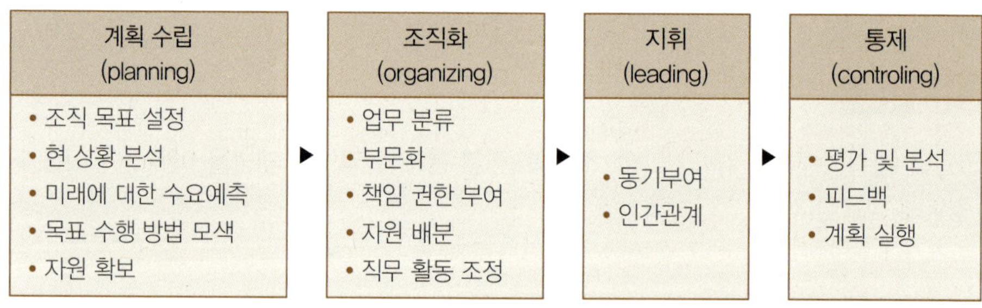

그림 3-1 경영관리 순환 과정

1) 계획 분류

(1) 계획의 계층

계획의 가장 상위 개념은 조직의 목적(mission, purpose)을 설정하는 것이다. 목적은 비전, 사명이라고도 하며 조직이 나아갈 방향성을 설정하며 궁극적인 지향점이나 존재 이유를 의미하며, 추상적이고 포괄적인 개념이다. 목적 설정 다음 단계로는 조직의 목표(objectives, goals)를 설정한다. 목표는 목적을 달성하기 위한 구체적인 행동이나 단계를 의미하고, 성과 측정이 가능하도록 구체적인 수치나 기간을 포함하는 경우가 많다. 조직 목표는 하위 부문 목표 설정의 기초가 되어 이로부터 지침(policies), 절차(procedures), 방법(methods) 등이 구체화된다. 목적이나 목표는 그 수가 적고 광범위한 계획이며 지침이나 절차, 방법은 그 수가 많고 보다 구체적인 계획이라고 할 수 있다. 이처럼 계획은 일련의 계층을 형성하며 경영관리 계층과 연결된다.

경영관리 계층 중 상위 경영층은 조직의 목적(사명)을 정하고 전반적인 목표를 수립하는 데 비해, 중간 관리층은 이를 달성하기 위한 하부 부문 목표 설정, 구체적인 지침 수립 그리고 부서 업무의 절차를 확립하며, 하급 관리층은 세부 업무 기능의 수행 절차나 방법을 구체화하는 역할을 맡게 된다.

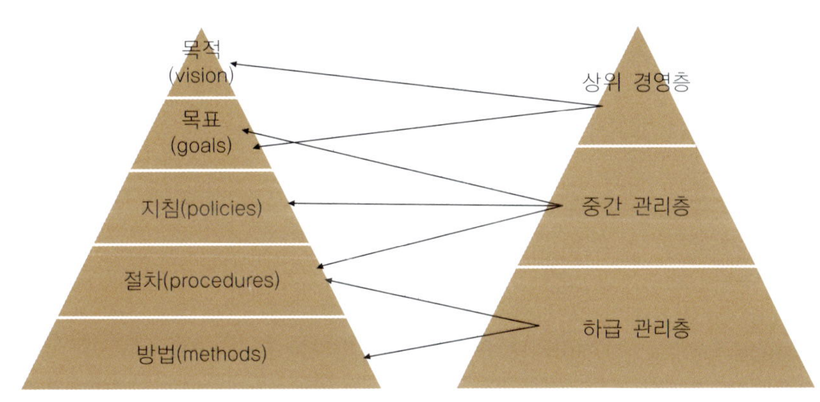

그림 3-2 경영관리와 계획의 계층

(2) 계획의 종류

계획은 적용 기간에 따라 단기 계획(Short-term Plan), 중기 계획(Mid-term Plan), 장기 계획(Long-term Plan)으로 나뉜다. 단기 계획은 보통 1년 미만의 기간에 걸친 계획으로 연차 계획이라고도 한다. 중기 계획은 1-5년, 장기 계획은 5년 초과의 계획으로 때로는 그 이상의 시간 범위에 걸쳐지기도 한다. 이러한 구분은 절대적인 기준은 아니며, 계획의 성격과 목적에 따라 다르게 설정될 수 있다.

장기 계획은 조직의 궁극적인 목표와 전략적 방향을 설정하며, 미래 예측과 환경 변화에 대한 분석을 기반으로 한다. 전략 계획이라고도 부르며 주로 상위 경영층에서 수립하는 계획이다. 전략(Strategy)은 목표 설정과 전체적인 방향을 제시하는 상위 개념이고, '무엇을 할 것인가'에 대한 큰 그림을 그리는 것이다.

중기 계획은 장기 계획의 목표를 달성하기 위한 구체적인 실행 계획을 포함하며, 전술 계획이라고 부르며, 부문 관리자인 중간 관리층에서 수립한다. 전술(Tactics)은 조직 목표를 달성하기 위한 구체적인 행동과 방법론을 의미하며, '어떻게 할 것인가'에 대한 구체적인 방법을 실행하는 것이다.

단기 계획은 일상적인 업무 수행과 관련된 구체적인 계획으로, 짧은 기간 내에 달성해야 할 목표를 설정하는 것이며, 운영 계획이라고 부른다. 전략 계획과 전술 계획을 더욱 구체화한 것으로 현장의 하급 관리층이 중심이 되어 작성한다.

표 3-1 적용 기간에 따른 계획의 분류

분류	기간	관리 계층	급식경영 예시
장기 계획 (전략 계획)	5년 초과	상위 경영층	• 식품 전처리 센터 구축 • 신규 사업 분야(외식업, 병원급식 등) 진출
중기 계획 (전술 계획)	1년 이상– 5년 이하	중간 관리층	• 신축 계획에 따른 설비와 운영 계획 • 각 분야별 인력 조정 및 모집 계획 수립
단기 계획 (운영 계획)	1년 미만	하급 관리층	• 각 급식소의 식재료 규격 조정 • 부서 내 인력 재배치 및 필요 인력 요청

2) 계획 수립의 기법

계획 수립 기법은 목표 달성을 위해 필요한 행동과 자원을 체계적으로 준비하고 조정하는 방법론이다. 다양한 기법들이 존재하며, 목표의 성격, 환경 조건, 조직 특성 등에 따라 적절한 기법을 선택하여 활용해야 한다.

급식경영자가 급식조직 계획을 수립하기 위해 사용할 수 있는 대표적인 기법으로는 예측 기법(forecasting method), 벤치마킹(benchmarking), 목표관리법(Management By Objectives, MBO), 시나리오 플래닝(Scenario Planning) 등이 있다.

(1) 예측 기법(forecasting method)

예측 기법은 과거의 기록 또는 현재의 자료들을 체계적 방법을 이용하여 분석한 후 미래의 요구를 예측하는 것이다. 급식소에서는 미래 식수를 예측하는 것으로 수요예측을 통하여 구매 계획, 판매 및 생산 계획이 이루어지며, 잘못된 수요예측에 의한 생산 초과(over production) 또는 생산 부족(under production)의 경우 모두 손실을 초래할 수 있다. 정확한 식수예측은 생산 부족과 과잉에 따른 문제점을 모두 해결해 주고 최적 생산에 따른 비용 최소화와 고객 만족 및 직원 직무 만족도 증대를 확보할 수 있다. 단체급식소의 수요예측을 위해서 수집해야 할 자료는 과거의 식수 인원 자료, 메뉴표, 급식소의 유형, 서비스 유형, 선택 메뉴 여부, 레시피, 생산일정표 등이다. 수요량을 예측하기 위한 방법으로는 조직 내외 사람들의 경험이나 견해, 직관에 의존하는 주관적 수요예측 방법과 입증된 모형을 통해 예측하는 객관적 수요예측 방법이 있다.

① 주관적 수요예측 방법

주관적 수요예측 방법은 질적 접근 방식으로 시장 조사법(market research), 델파이 기법(delphi method), 최고 경영자 기법(중역 의견법), 외부의견 조사법 등이 있다. 시장 조사법은 시장 현황에 관한 가설을 설정하여 체계적이고 공식적인 방법으로 조사, 분석하는 방법이며, 델파이 기법은 전문가에게 1차 설문조사를 실시하여 그 결과를 종합하여 합의된 결과가 도출될 때까지 설문조사를 반복하는 분석 방법으로 비용과 시간이 많이 소요되므로 급식소에서 적용하기는 힘들다. 최고 경영자 기법은 장기 계획을 세울 때 신제품을 개발할 때 많이 활용하는 방법이다. 외부의견 조사법은 외부전문가들의 의견을 수렴하는 방법이다.

② 객관적 수요예측 방법

객관적 수요예측 방법은 양적 접근 방법으로 시계열 분석법(time series model)과 인과형 예측 모형법(casual model)이 있다.

시계열 분석법은 과거의 매출이나 수량자료로부터 시간적인 추이나 경향을 파악하여 장래를 예측하는 방법으로 이동 평균법(moving average method)과 지수 평활법(exponential smoothing method) 등이 있다. 단기 예측에 가장 적합한 방법으로 시계열(일, 주, 월, 분기, 년) 자료에 따른 과거의 생산 수량, 식수 인원, 판매량에 대한 기록을 근거로 미래를 예측한다. 시계열 분석법은 수년간의 자료 수집이 용이하고, 변화 경향이 뚜렷하며 안정적일 때 사용되는 통계적 예측 방법이다.

인과형 예측 모형법이란 급식 수요(식수)와 밀접한 관련이 있는 하나 이상의 독립 변수(원인)를 찾아내어, 이들 간의 인과 관계를 함수식으로 모델링하여 미래의 수요를 예측하는 정량적 방법을 말한다. 인과형 모형에서 가장 널리 사용되는 기법은 회귀 분석(Regression Analysis)이다.

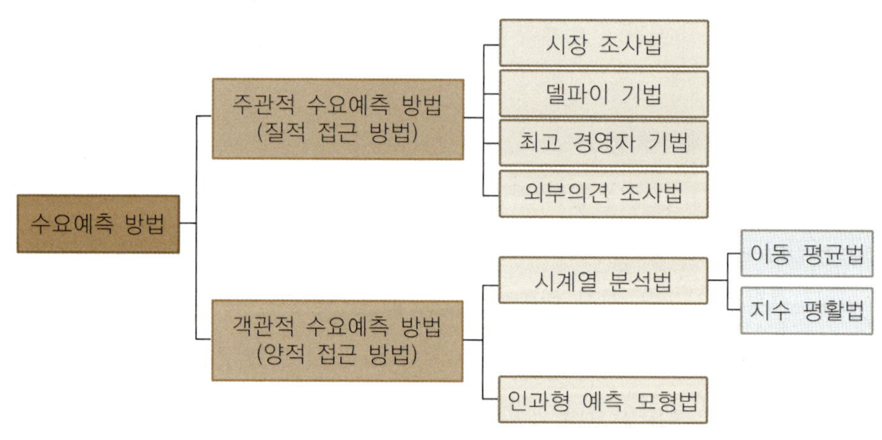

그림 3-3 급식소 수요예측 방법

(2) 벤치마킹(benchmarking)

벤치마킹은 성공적인 외부 조직의 사례를 분석하여 자사의 계획 수립에 참고하는 방법이다. 벤치마킹은 원래 토목 분야에서 강물 등의 높낮이를 측정하기 위해 기준점인 벤치마크(benchmark)를 표시하는 행위를 말한다. 여기서 벤치마크란 측정의 기준점을 말한다. 기업 경영 분야에서 벤치마킹 기법은 20세기 미국의 사무기기 전문 기업 제록스가 일본 경쟁 기업들의 경영 노하우를 알아내기 위해 직접 일본에 건너가 조사 활동을 벌이고 그 결과를 경영 전략에 활용하여 다시 기업 경쟁력을 회복한 것에서 비롯되었다고 한다.

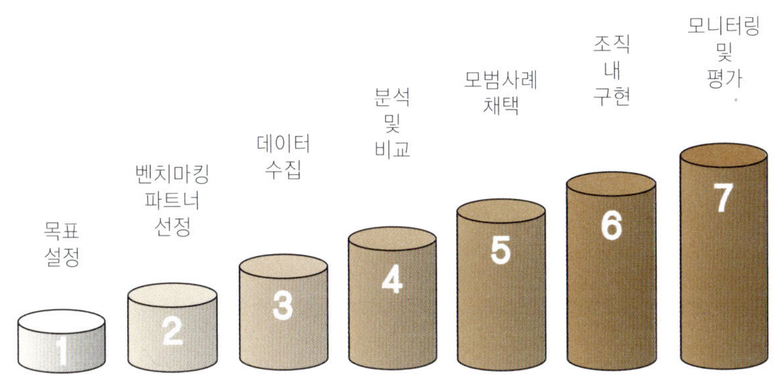

그림 3-4 벤치마킹 프로세스

① 프로세스 벤치마킹

프로세스 벤치마킹은 자사와 비슷한 업무를 수행하거나 사업을 운영하는 다른 기업이나 조직을 보고, 관련 절차나 과정을 배우는 것이다. 예를 들어 식품제조 회사라면 공급업체에 원자재를 발주하고 대금을 지급하는 절차, 공장에서 제품을 검수하는 절차, 유통업체에 공급하는 절차를 벤치마킹으로 배울 수 있다. 식자재를 파는 매장이라면 상품을 입고하는 절차, 재고를 파악하고 진열하는 절차, 고객을 응대하는 절차, 제품 교환이나 환불 건을 처리하는 절차 등이 있다. 프로세스 벤치마킹은 생산성 향상, 비용 절감, 매출 증대 같은 직접적인 결과로 이어져, 비교적 단기간에 재정적인 성과를 드러낼 수 있다.

② 성과 벤치마킹

자사의 제품이나 서비스를 타사와 비교하는 벤치마킹 방식이다. 주로 가격, 기술 사양, 품질, 제품의 내구성이나 안정성, 서비스 속도 같은 요소를 분석해 비교

한다. 그중에서도 제품 분석은 주로 역설계를 통해 이루어진다. 역설계란 완제품을 분해해서, 해당 제품이 어떻게 만들어졌는지를 설계도 없이 추적하는 기법이다. 제록스의 사례에서 엔지니어들이 복사기 품질 개선을 위해 캐논이나 샤프 등의 경쟁사에서 출시한 복사기를 분해해 부품을 하나하나 연구한 것이 바로 역설계를 통한 성과 벤치마킹에 해당된다.

③ 전략적 벤치마킹

전략적 벤치마킹은 회사의 경쟁력을 높이기 위해, 업계나 사업 특성에 구애받지 않고 뛰어난 성과를 보이거나 특별한 기술을 지닌 다양한 기업에서 성공 비결을 구하는 활동이다. 프로세스나 성과 벤치마킹이 지엽적인 개선 활동이라면, 전략적 벤치마킹은 전체를 바라보는 본질적인 경영 활동이다. 다만 큰 그림을 그리는 만큼 프로세스 벤치마킹처럼 성과가 즉각적으로 나타나기는 어렵다.

④ 내부 벤치마킹

내부 벤치마킹이란 한 조직에 속한 부서나 구성원들이 비슷하게 수행하는 업무 절차들을 비교해 가장 효과적인 업무 처리 방식을 찾는 것이다. 예를 들면, 프렌차이즈 브랜드에서는 매장마다 고객 불만을 훌륭하게 처리한 사례를 공유하여 까다로운 상황에 대처하는 가장 효과적인 방안을 모색할 수 있다. 이러한 벤치마킹은 이름에서 알 수 있듯 조직 내부에서 이뤄지는 활동이므로 비교적 쉽고, 빠르고, 저렴하게 실행할 수 있다는 것이 장점이다. 모두 같은 조직에 속해 있기 때문에 기밀 유출을 염려하지 않고 자유롭게 정보를 나눌 수 있기도 하다. 그러나 내부 벤치마킹을 너무 많이 수행하면 내부에서 경쟁이 심해지거나, 서로 같은 방식을 배운 결과 차별성이 사라질 수 있다는 단점도 있다.

⑤ 경쟁 벤치마킹

경쟁 벤치마킹은 같은 업계의 경쟁사를 벤치마킹하는 활동이다. 같은 사업을 하는 만큼 비슷한 업무나 활동이 많기 때문에 서로 비교하기 수월하고, 목표를 계획하고 달성하는 데 있어 유용한 정보와 식견을 많이 얻을 수 있다. 같은 업계에 있으면 비슷한 규제를 받기 때문에 다른 업계에서는 찾기 힘든 특수한 문제에 대한 해결책을 구하거나, 이른바 동병상련을 느끼며 규제를 극복할 실질적 해결책을 함께 모색하기에 좋다. 경쟁 벤치마킹에서 유의할 점은, 상대가 경쟁사인 만큼 우리 기업의 성장에 꼭 필요한 핵심 정보를 제공받기 어렵다는 것이다.

⑥ 기능 벤치마킹

기능 벤치마킹은 기업 내 영업, 홍보, 재무, 인사 등 부서별 업무나 식료품점의 매대 재고 회전율, 재고 수량 조사, 점원 교육과 같은 특정한 기능을 다른 업계의 기업과 비교하는 것이다. 조직 안에서 개선하고 싶은 업무나 기능을 가장 잘 수행하고 있는 타 기업을 업계에 구애받지 않고 찾아서 배우는 것이다.

⑦ 포괄적 벤치마킹

포괄적 벤치마킹은 경쟁 벤치마킹이나 기능 벤치마킹보다 추상적인 개념으로, 언뜻 보면 상관관계가 없어 보이는 영역에서 사업 운영 프로세스나 업무 처리 방식을 개선할 방안을 배우는 것이다. 일례로, 끊임없이 새로운 디자인을 내놓으며 유행에 빠르게 대응해야 하는 패션 브랜드가, 상품이 쉽게 상해서 금방금방 팔아야만 하는 생선 가게나 꽃집의 재고관리 방식을 통해 재고 회전율을 높일 방안을 모색할 수 있다. 포괄적 벤치마킹은 기존의 문제점을 개선하는 수준을 넘어 기업을 혁신적으로 변화시키기에 가장 좋은 벤치마킹 유형으로 알려져 있다.

(3) 목표관리법(Management By Objectives)

목표관리법은 미국 피터 드러커(P. F. Drucker, 1954)가 목표의 중요성을 강조하면서부터 시작되어 전 세계적으로 확산된 관리 기법 중 하나이다. 드러커는 목표관리가 종업원에게 동기를 유발시킬 뿐만 아니라 모든 조직 계층에서의 관리자와 종업원들에게 나아갈 방향을 제시해 주는 실천적 도구라고 강조했다.

조직의 목표가 실천력을 가지려면 조직 구성원 전체에게 공유되어야 하는데, 목표관리법의 핵심은 최고 경영자가 세운 목표를 일방적으로 하부에 전달하고 목표 달성을 강요하는 것이 아니라 조직 단위와 전체의 목표 간에 일관성 있는 성과 목표를 분명히 하고 경영자들이 종업원과 함께 노력함에 있다. 조직 목표를 설정하는 데 있어 목표는 구체적(Specific), 측정 가능(Measurable), 달성 가능(Achievable), 관련성(Realistic), 시간 제한(Time-limited)의 SMART 원칙을 따르는 것이 좋다.

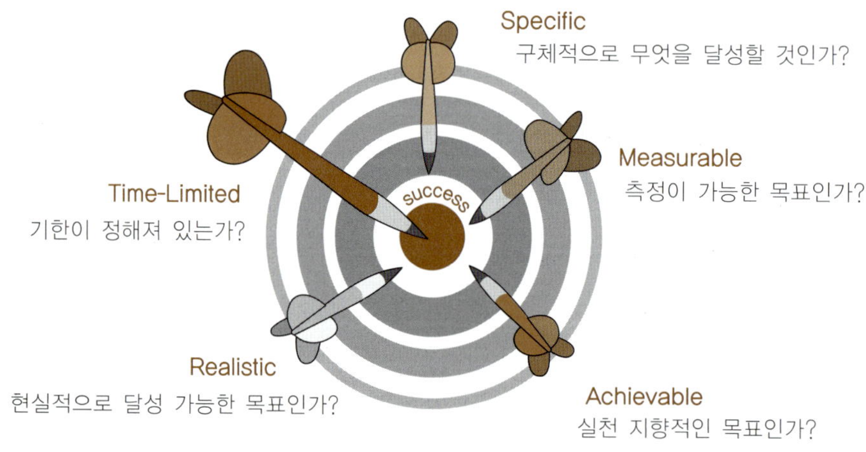

그림 3-5 SMART 원칙

목표관리법을 성공시키기 위해서는 개인과 조직의 목표를 일치시켜 목표 달성 가능성을 높이고, 조직 구성원을 목표 설정에 참여시킴으로써 구성원의 자율성과 책임감을 높이고, 객관적인 목표 설정과 평가를 통해 성과관리 시스템을 개선하며, 목표 설정 및 평가 과정에서 관리자와 구성원 간의 소통을 증진시켜야 한다. 반면, 과도한 목표 설정은 목표 달성에 대한 부담감으로 인해 낮은 목표를 설정하거나 비현실적인 목표를 설정할 수 있고, 단기적인 성과에 집중하여 장기적인 관점을 소홀히 할 수 있으며, 지나치게 높은 목표 설정으로 인해 목표 달성이 어려워질 수 있고, 평가자의 주관적인 판단에 따라 평가 결과가 달라질 수 있고, 목표 달성을 위한 과도한 경쟁으로 인해 협력적인 분위기가 저해될 수 있다.

(4) 시나리오 플래닝(Scenario Planning)

시나리오 플래닝은 다양한 미래 시나리오를 설정하고, 각 시나리오별로 대응 전략을 준비하는 방법으로 불확실한 미래 상황 속에서 미래를 예측하고 재발견하기 위한 구조적 방법론이다. 실제 미래가 특정 시나리오와 일치하지 않더라도, 설정된 시나리오를 통해 유연하게 대응할 수 있다는 장점이 있다. 기업은 시나리오 플래닝을 활용하여 기업의 장기적인 전략 방향을 설정하고, 시장 변화에 대한 대응력을 높일 수 있고, 잠재적인 위협요소를 파악하고, 위험 요인을 관리하며, 복잡한 문제에 대한 의사결정을 내릴 때, 다양한 시나리오를 고려하여 합리적인 선택을 할 수 있도록 돕는다.

시나리오 플래닝은 급변하는 사회 환경 속에서 미래를 예측하고, 사회 변화에 대한 대비를 할 수 있도록 하는 미래 통찰력을 높이고, 불확실한 상황에서 의사결정을 내릴 수 있는 전략적 사고 능력을 키우고, 급변하는 환경에 유연하게 적응할 수 있도록 돕는다. 시나리오 플래닝을 통해 미래를 예측하고 대비하는 것뿐만 아니라, 조직 구성원들의 사고 방식 변화를 유도하는 것이 중요하다.

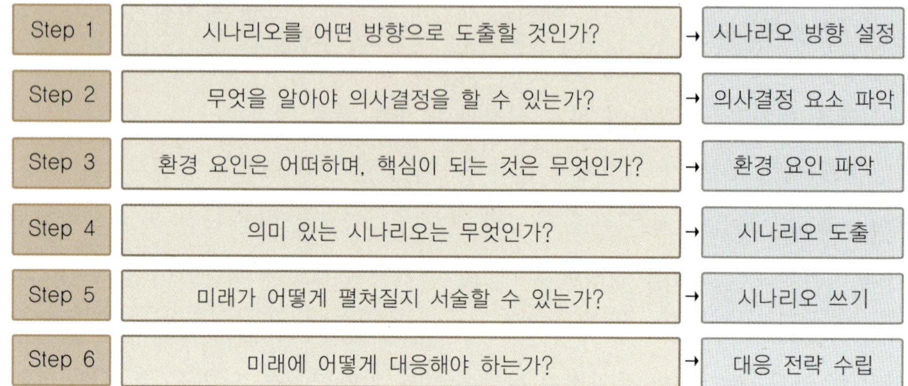

그림 3-6 시나리오 플래닝

2 경영조직화

1) 조직화 원칙과 과정

조직화는 관리의 두 번째 단계로서 계획 수립 단계에서 확정된 목표를 실현하기 위해 인적자원과 물적자원을 적절히 분배하여 조직 내의 다양한 작업을 조정하는 기능이다. 조직화 원칙들은 조직 구성원들이 맡은 직무를 능률적으로 수행하고 조직의 목표를 달성할 수 있도록 돕는다.

(1) 조직화의 원칙

① 전문화의 원칙(principle of specialization)

조직화의 기본 원칙으로서 업무를 가능한 세분화하여 단순화시킬 것(분업화의 원칙)과 작업자들이 단순화된 업무에 숙달되도록 할 것(전문화의 원칙)이다. 분업과 전문화가 동시에 이루어지므로 이 두 가지 원칙을 구분하지 않고 혼용하여 사용하기도 한다. 급식 작업을 세분화하여 주메뉴 담당, 후식 담당, 전처리 담당, 배식 담당 등으로 분업화하는 것이 일의 능률을 올릴 수 있다는 것이다.

• 애덤 스미스(Adam smith, 1723-1790)는 「국부론(*The wealth of Nations*)」에서 분업을 통한 생산성 향상이 국가를 부자로 이끈다고 밝혔다.

② 권한과 책임의 원칙(principle of authority and responsibility)

조직을 구성하는 각 구성원들의 권한과 책임은 조직 내 다양한 직위의 상호관계를 규정하게 되므로 권한과 책임은 명확히 해야한다. 또한 권한과 책임 어느 하나만 강조되지 않고 동일하게 나누어져야 하며, 직위에 있는 사람은 권한을 행사한 결과에 대한 책임도 져야 한다.

조직 내에는 다양한 직무들이 존재하고 이들의 공식적 관계는 권한, 책임, 의무의 세 가지 기본 관계로 형성되며, 이 세 가지는 직무에 동등하게 부여되어야 한다는 삼면등가의 원칙이 통용되기도 한다.

▶ 삼면등가의 원칙 : 권한=책임=의무

• 권한(authority) : 특정 업무를 처리할 수 있는 권력
• 책임(responsibility) : 자신의 판단, 결정, 행동의 결과에 대한 책임
• 의무(accountability) : 규정에 따라 반드시 해야 할 행위

③ 권한 위임의 원칙(principle of delegation of authority)

위임이란 경영자가 다른 사람에게 권한을 배분하고 일을 맡기는 과정이며, 보통 상사가 부하에게 부하 스스로 독자적 판단만으로 직무를 수행할 수 있도록 자신의 직무수행 권한을 위임하는 것이다. 권한을 위임함으로써 상사에게 업무가 집중되는 현상을 막고, 관리자의 부담을 줄이며 하위자의 창의성을 발현시킬 수 있다.

반면, 권한을 위임하였다고 해서 업무 결과에 대한 책임까지 떠넘기거나 포기하게 되는 것은 아니므로 상사는 사전에 신중한 계획 수립을 하고 보다 폭넓은 통

제권을 확립해야 한다. 예를 들어 조리사들이 음식 생산을 맡은 상황 속 일정의 차질이 있어 메뉴 완성이 완료되지 못한 상황이 발생하였다고 전적으로 음식 생산을 맡은 조리사들의 책임이라고 할수 없다. 비록 업무를 완수하지 못한 사람은 조리사지만 급식 관리자인 영양사 역시 책임을 함께 지게 되는 것이다.

- 권한 위임의 원칙 효과 : 신속한 의사결정, 하급자의 교육과 개발에 기여, 조직 구성원의 동기부여 효과, 관리자의 부담 경감, 조직 구성원 직무 태도와 도덕성 향상 등

④ 명령 일원화(통일)의 원칙(principle of unity of command)

한 사람의 하위자는 항상 한 사람의 직속 상위자로부터 명령, 지시를 받아야 한다는 원칙이다. 만약 명령 계통이 분명하지 않고 한 사람이 두 명 이상의 상사로부터 명령을 받게 되면 권한체계에 혼란이 생겨 질서를 유지할 수 없게 되고 각 구성원의 책임이 모호해지며 조직 능률도 저하되는 결과를 낳게 된다.

- 명령 일원화 장점 : 명확한 책임 소재, 효율적인 의사소통, 명확한 업무 분담(효율성 향상)
- 명령 일원화 단점 : 경직된 조직 운영 가능성, 의견 충돌 발생 가능성

⑤ 감독 범위 적정화의 원칙(principle of span of control)

한 사람의 관리자가 직접적으로 지휘, 감독할 수 있는 부하 직원의 수에는 일정한 한계 또는 합리적 범위가 있다. 감독 한계가 광범위하면 의사소통이 곤란하고 능률이 저하되어 관리가 어렵다. 반면 너무 좁아지게 되면 지나친 감독으로 하위자가 창의성과 자주성을 발휘하는 데 방해가 된다. 따라서 관리자의 경험, 업무의 성격, 조직의 구조 등을 고려하여 적절한 감독 범위를 설정해야 한다.

- 감독 범위 적정화 : 조직 내 의사소통 원활, 업무 처리 속도 향상, 조직의 효율성 증대에 기여

⑥ 계층 단축화의 원칙(Principle of hierachy)

조직의 효율을 높이기 위해 조직의 계층을 가능한 짧게 단축시키는 것이 좋다는 원칙이다. 기업 규모가 확대되어 종업원 수가 많아지면 상하의 계층이 길게 되는데 그만큼 의사소통이 불충분하게 되고 명령 전달도 늦어지기 쉽다. 감독자 수가 많아지면 인건비도 증가하게 되어 효율적 조직관리가 어렵게 된다.

- 계층 단축화의 원칙 : 피라미드 형태 조직 구조로 수직적 거리 단축, 신속한 의사결정 가능, 상하위 계층 경로가 짧아져 정보전달 및 피드백 원활, 관리자 관리 부담 경감, 변화하는 환경에 신속하게 대응할 수 있는 조직 유연성 증대 등

(2) 조직의 분화

① 조직 구조의 부문화(수평적 분화)

조직을 분류하면 경영 활동을 직접 수행하는 구매, 생산, 판매 부서와 같은 라인(line) 부문과 라인 부문에 조언과 권고를 행하는 기획, 인사, 마케팅 등의 관리부서인 스태프(staff) 부문으로 나눌 수 있다. 대규모 급식소 조직의 예를 든다면 급식소나 외식업소에서 각 업장의 관리감독을 맡고 있는 영양사, 점장, 매니저 등은 라인 부문의 관리자이고, 본사의 메뉴개발팀, 위생팀, 마케팅팀 등은 스태프 관리자라고 할 수 있다.

조직의 규모가 대형화되고 기업 환경 변화에 대응하기 위해 조직의 직무가 부문화(departmentalization) 되고 있다. 부문화는 조직의 상황에 맞게 목표 달성을 지원할 수 있는 부문화 유형을 택해야 한다.

대부분의 조직에서 가장 전형적인 부문화 방법은 구입, 생산, 판매, 재무, 마케팅 등과 같은 직능에 따라 부서를 구성하는 것이다. 직능적 부문화는 전문화의 원칙에 의한 인력의 효율성 증대와 훈련 과정의 단순화 등 유용성이 검증된 방법이지만 때로는 직능 부분 간 조정에 어려움이 있을 수 있다.

② 조직 권한의 분권화(수직적 분화)

조직화된 구조 내에서 권한이 분산되는 경향을 분권화라고 부르며, 집권관리와 분권관리 두 가지 형태가 있다. 집권관리는 모든 권한과 결정 권리가 최고 경영층에 집중되어 하위 관리층에는 자주성을 주지 않는 관료적 관리 형태이고, 분권 관리란 조직 권한과 의사결정권을 하위 관리층에게 주어 운영하는 관리 형태이다.

집권관리 조직은 정책, 계획, 관리가 통일되어 고객에게 표준화된 제품과 서비스를 제공할 수 있으며 최고 경영층이 기업경영에 많은 경험과 능력을 가지고 있을 때 이를 하위 계층까지 널리 활용할 수 있다는 장점이 있다. 그러나 조직의 규모가 확대되고 관리 기술이 복잡해지면 집권적 조직은 그 한계에 부딪치게 된다. 관리 계층의 단계가 증가되어 명령, 지시가 신속, 정확성을 잃고 보고체계가 길어질 수 있다.

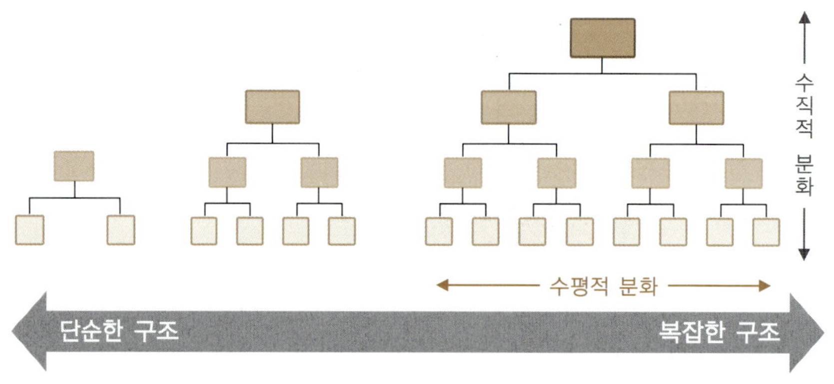

그림 3-7 조직의 분화

③ 공식 조직과 비공식 조직(공식화)

조직은 공식화에 따라 공식 조직과 비공식 조직으로 나눌 수 있다. 공식 조직은 조직의 공동 목적을 달성하기 위하여 인위적, 공식적, 제도적으로 형성된 조직을 말하며 조직도를 갖는다. 조직 구성원은 공식 조직에 소속되어 조직의 절차와 규범에 따라 행동하고, 사명감을 갖고 조직 목표 달성을 위해 상호 유기적으로 협력한다.

비공식 조직은 개인 간 상호 친목 도모를 목적으로 하는 자연 발생적이며 자발적 조직이다. 조직의 직무수행에 직접 관여하지 않으나 동기부여를 통한 작업 능률과 조직 성과에 영향을 미친다. 공식 조직과는 달리 문화적, 사회적 가치를 통한 집단 결속 및 구성원들의 귀속감과 안정감을 제공하며 행동 통제의 기능도 있다.

2) 경영조직의 형태

경영조직(business organization)이란 경영 목적을 달성하기 위하여 직무와 사람의 역할을 합리적으로 결합시켜 이를 편성, 운영해 가는 것이다. 조직의 형태는 다양한 양상을 보여주고 있으나 크게 분류하면 기본적인 형태와 상황에 따른 특수 형태로 구별된다. 현재 급식조직 형태는 급식소 여건에 따라 여러 가지 특성을 고려한 조직 혼합형이 많이 나타나고 있으나, 전통적 조직 형태를 이해하는 것은 중요하다고 할 수 있다.

(1) 라인조직(line organization)

라인조직이란 최상위에서부터 최하위 단계에 이르는 모든 직위가 단일 명령 권한의 라인으로 연결된 조직을 의미한다. 대표적으로 군대조직이 여기에 속한다. 명령 일원화의 원칙과 감독 범위 적정화의 원칙을 중심으로 하여 라인조직은 모든 직위가 최고 경영자로부터 최하위 계층에 이르기까지 명령 권한의 라인에 의해 연결되는 조직 구조이다. 권한 및 책임의 명료화, 부하의 효율적인 통제 기능, 상위자의 전체적인 조정 용이, 하위자가 상위자의 명령에 따르고 보고하는 관계라는 특징이 있다.

라인조직의 장점은 명령 계통이 매우 단순하여 의사결정이 신속하게 이루어진다는 점과 각자의 책임, 의무 및 권한의 통일적 귀속이 명확히 규정되어 경영 전체의 질서를 확립할 수 있다는 점이다. 반면, 라인조직의 단점은 인사, 재무 및 회계 등 지원적 업무에 시간과 노력이 많이 들고, 상하 관계만을 중시하는 기업문화가 있다. 따라서 라인조직은 경영자에게 여러 가지 능력을 고도로 요구하지 않으며 지원적 업무에 많은 시간을 바칠 필요가 없는 비교적 작은 규모의 조직과 생산제품이 단일한 조직에서 흔히 채택된다.

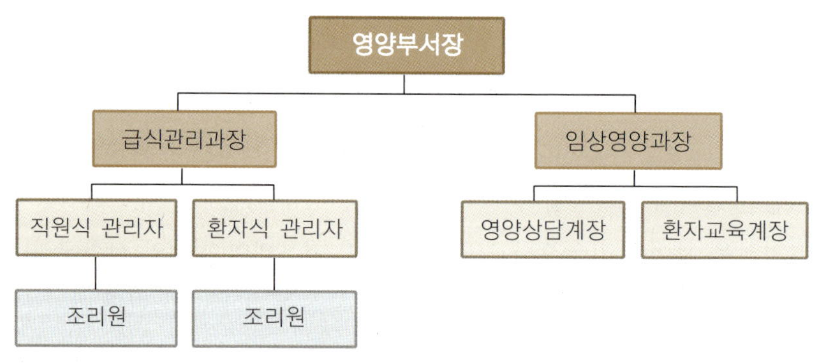

그림 3-8 급식경영 라인조직

(2) 직능식 조직(funtional organization)

테일러(F. W. Taylor)가 고안한 직능식 조직은 관리자가 담당하는 일을 전문화하고 부문마다 다른 관리자를 두어 작업자를 전문적으로 지휘, 감독하고자 한다. 즉, 라인조직에 있어서와 같이 모든 권한을 한 사람이 가지고 있는 것이 아니라 여러 명의 직능적 직장이 자기의 특수 부문에서 여러 작업자를 다룸으로써 보다 큰 효과를 거두려는 것이다.

직능식 조직의 장점은 전문화의 원칙에 따른 조직으로 각 스태프 관리자가 주어진 전문적인 영역에 관해 부하를 지휘, 감독하면 라인 관리자의 부담이 크게 경감된다. 결과적으로 시간을 절약하고 의사소통의 거리를 단축하며 정확도를 기할 수 있기 때문에 생산원가를 절감시킨다. 반면, 직능식 조직의 단점은 명령 또는 조언과 권고를 하는 상급자가 다수이므로 이에 대한 통일을 기하지 못하거나 중복 또는 모순이 있을 수 있다.

직능식 조직은 환경이 안정되고 업무상 고도의 전문화를 요하는 경우, 조직의 규모가 비교적 작고 업무 내용이 단순한 경우, 기업이 한정된 분야에서 사업하는 경우 등에서 그 효과를 거둘 수 있다.

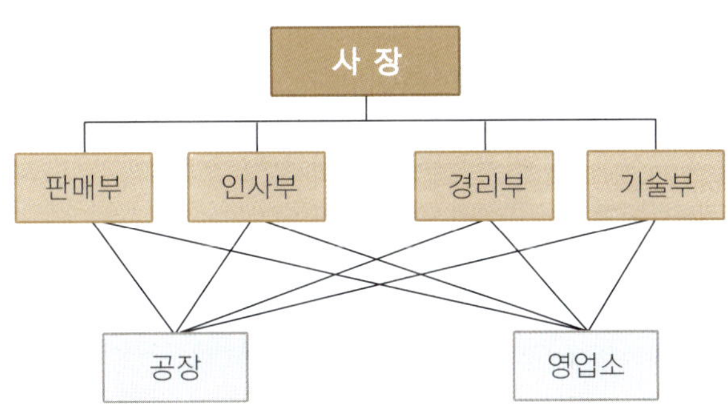

그림 3-9 급식경영 직능식 조직

(3) 라인·스태프 조직(line and staff organization)

라인·스태프 조직은 에머슨(H. Emerson)에 의해 제안된 조직이며, 라인조직의 장점과 직능식 조직의 장점을 결합한 형태이다. 라인 부서가 명령 및 통제의 역할을 수행하고 스태프 부서가 전문적인 지원과 자문을 제공한다. 조직의 규모가 커지고 조직 기능이 복잡해짐에 따라 다양한 스태프 요원 수가 종업원 비율에 맞게 증가하게 되는데, 이렇게 되면 라인조직에서 라인·스태프 조직으로 유형이 바뀌게 된다. 라인·스태프 조직의 장점은 스태프의 조언과 권고를 받아 전문성을 활용하면서도 정책의 일관성을 확보하고 조직관리 통제가 매우 안정적이다. 반면, 단점은 스태프 부서의 역할 모호성, 라인과 스태프 간의 갈등 발생 가능성이 있고, 스태프의 권한이 너무 확대되면 라인의 기능 수행에 지장을 주며, 라인이 스태프에 지나치게 의존해 적절적 명령이나 결정을 미루고 책임을 회피할 우려도 있다.

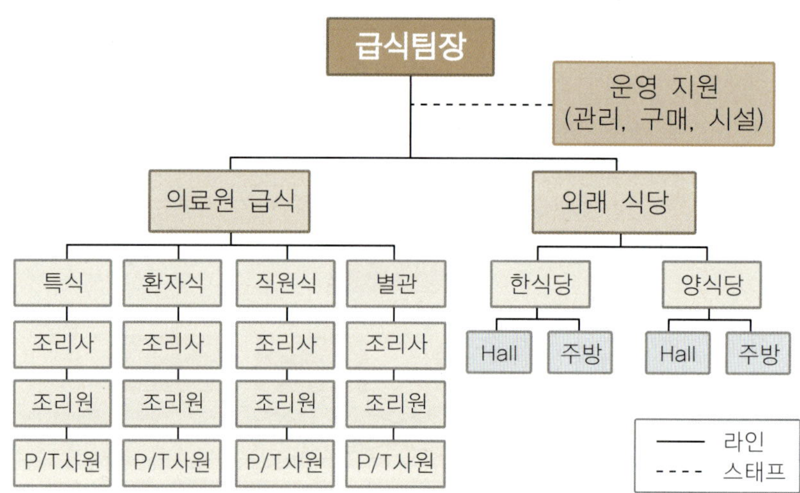

그림 3-10 급식경영 라인·스태프 조직

표 3-2 경영조직의 일반적 형태

유형	특징	장점	단점
라인 조직	• 최고 경영자의 권한과 명령이 직선적으로 하급 관리자나 일선 작업자에게 전달됨	• 권한과 책임의 구분이 분명 • 문제 발생 시 명령 계통 일원화 • 통솔력이 강하고 빠른 의사결정과 전달 기능	• 경영자의 독단적 처사 우려 • 중간 관리자들이 의욕과 창의성을 발휘하기 어려움 • 조직 규모 커질수록 효율성 감소
직능식 조직	• 테일러가 처음 고안한 조직 • 관리자가 담당하는 일을 전문화하고 부문마다 다른 관리자를 둠 • 각 부문 관리자에게 개별 작업자를 전문적으로 지휘, 감독하는 직능적 권한을 부여	• 전문가들이 직능별로 분류 • 전문적 지식, 기술, 경험을 더 효과적으로 이용	• 기능적 전문가가 조직의 여러 분야에 존재 • 조직 내 갈등이 발생할 우려가 크고 복잡해짐
라인과 스태프 조직	• 라인조직에 스태프 전문가를 결합시킨 형태 • 중, 대규모의 기업조직에 많이 이용 • 전문적 기술, 지식을 가진 스태프가 효과적 경영 활동을 위해 협력함	• 라인조직이 갖는 명령계통 일원화의 장점 확보 • 스태프의 전문적인 조언, 지식, 경험 이용 • 라인 경영자의 업무 부담 경감	• 라인과 스태프 간 권한의 혼동으로 갈등 • 스태프 활동에 따른 제반 비용 추가 • 스태프 조언을 받기 위해 의사결정과 집행이 늦어짐

(4) 새로운 경영조직

과거의 조직 구조가 전통적인 명령체계를 중시하는 라인조직에서 출발하여 스태프 전문가를 보완한 라인과 스태프 조직 형태가 주를 이루었다면, 오늘날 조직화 경향은 기업 환경의 변화에 맞춰 유동적이며 다양해지고 복합형의 형태로 나타난다.

조직이 확대되고 전문화됨에 따라 여러 관계 부문의 당사자를 구성원으로 하는 회의체가 마련되어 이를 위원회 조직(committee organization)이라 하고 각 부문 사이의 불화와 마찰을 피하기 위하여 관련되는 사람으로 하여금 민주적인 의사결정을 하도록 하고 경영 정책이나 문제해결 방책 등을 결정하게 된다. 위원회 조직은 이해자 집단의 대표들로 구성되어 의사를 반영하는 방법이며 관계자를 참가시킴으로써 그들의 의사를 반영하는 방법으로 이용되는 경우가 많다. 반면, 시간과 비용이 많이 들고, 책임 소재가 분명하지 않으며, 위원들 사이 불신과 불화를 야기할 가능성이 크다.

오늘날 기업의 규모 확대와 경영 환경 변화 및 경영 합리화 등에 능동적으로 대처해 나가기 위해 명령체계 단축으로 신속한 의사결정을 가능하게 하는 팀형 조직(team organization)이 보편화되고 있다. 명령 계층을 단축하고 상하 조직 간의 명령과 보고체계가 단순화되어 신속한 의사결정과 조직 효율을 향상시킬 수 있다. 단점은 팀 중심으로만 생각하여 기업 전체를 보지 못하는 경향이 있고, 최고경영자는 팀과 조직 간의 균형 감각을 유지해야 한다.

오늘날의 경영은 기업 환경이 동태적으로 다양하게 변동하고 기술혁신이 급격하게 진행됨에 따라 프로젝트를 중심으로 이루어진다. 프로젝트 조직(project organization)은 프로젝트 관리자에 의해서 대표되며, 그는 이 프로젝트의 전체적인 성공 여부에 대하여 책임을 지게 된다. 구성원들은 프로젝트 조직의 각 전문 분야에 배치되어 그 일의 진전에 따라 인원을 교체하며, 프로젝트가 완료되면 원래의 소속 부문으로 돌아가거나 또 다른 새로운 프로젝트에 배치된다.

복잡해진 기업 환경 변화는 핵심 역량을 기업 내부에 보유하고, 조직의 구조를 축소시켜 경영자원의 효율을 높이며, 비핵심 부문을 아웃소싱하고 전략적 제휴를 통해 네트워크 구조(network organization)를 형성하기도 한다. 네트워크 조직은 상호협력을 통해 시너지 효과를 얻기 위한 수평적 개념의 조직이며 조직의 경계가 약하기 때문에 환경 변화에 적응할 수 있는 개발 시스템의 성격을 강하게 띠게 된다. 반면, 경영자가 네트워크에 참여하는 외부 기업에 직접적인 통제력을 행사할 수 없고 종업원들의 충성심이 약한 단점이 있다.

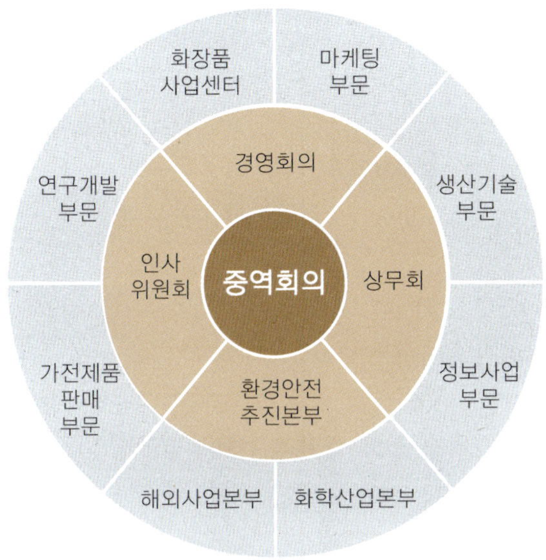

그림 3-11 새로운 경영조직
(오케스트라형 조직 – 구성원들의 고도의 자율성과 팀워크를 기반)

3 경영 통제 및 피드백

1) 통제의 필요성

통제란 경영관리 일반적 순환 중 계획, 조직화, 지휘 다음에 오는 기능으로 실제의 행동과 본래 계획된 행동이 일치하는지 여부를 확인하는 과정이다. 통제를 통하여 현재의 경영 성과를 측정하고 사전에 설정한 경영 목표에 도달할 수 있게 한다. 따라서 통제 활동은 차후 계획 수정에 필요한 정보제공을 포함해야 한다. 급변하는 경영 환경의 변화와 조직 규모의 성장, 업무의 복잡화, 권한 위양과 분권화 등의 직무 환경은 통제 기능의 필요성을 더욱 증대시키고 있다.

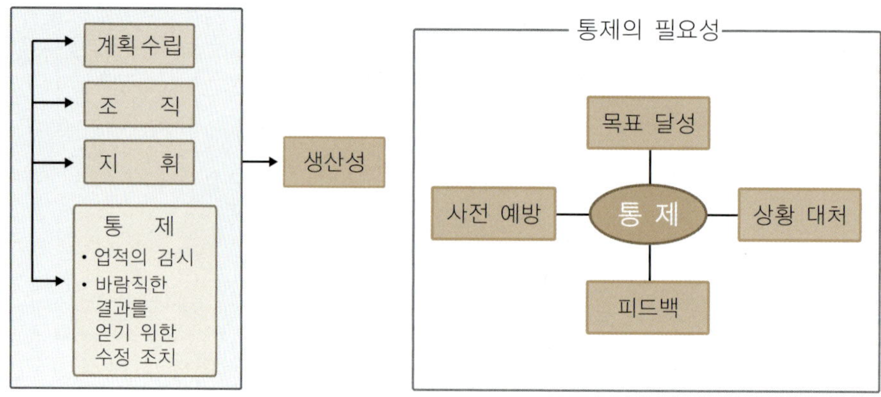

그림 3-12 통제 위치와 필요성

2) 통제 과정 및 유형

(1) 통제 과정

통제 활동은 일반적으로 기준을 설정하고 실행의 결과를 측정하여 설정된 기준과 비교해 보고 차이의 원인을 밝혀 시정 조치를 취하는 순서로 진행된다. 동시에 다음번 계획 수립에 참고하도록 피드백하는 과정도 포함된다.

① 성과 기준의 설정

통제 과정의 첫 단계는 특정한 표준(standard)을 설정하는 것이다. 표준은 계획이 잘 수행되었는지 여부를 파악하는 성과 측정을 위해 설정해 놓은 기준이다. 성과 기준은 구체적이고 정확하게 측정하고 평가할 수 있어야 한다. 예를 들어 고객만족도를 '3.5에서 4.0으로 높인다', 잔반율을 '7%에서 5%로 낮춘다' 등과 같이 구체적이고 실현 가능하게 설정하여 조직 구성원들과 공유해야 한다.

② 수행 결과의 측정

성과의 점검과 측정 과정은 통제의 중심이다. 적정한 점검과 평가, 측정과 그 결과에 대한 신속한 보고는 효율적인 경영 통제 활동을 위한 필수 조건이다. 구두 또는 서면으로 보고 받은 자료를 분석하거나 실제 현장 활동과 성과를 관찰, 조사해 경영 활동 성과를 표준과 비교, 검증하여 정보를 분석하여 자료화한다.

③ 기준과 결과의 비교

측정된 수행의 결과를 성과 기준과 비교하여 설정되었던 기준이 성공적으로 달성되었는지 판단한다.

④ 시정 조치와 피드백

업무 집행의 결과가 허용 가능한 편차를 벗어나 표준에서 이탈하였을 때 통제가 이루어진다. 실제 수행 성과가 기준에 미치지 못했을 경우에는 시정 조치를 취하고 그 결과는 다음번 계획 수립에 반영한다. 수행 성과가 구성원의 노력 부족인지 관리 감독의 소홀인지 통제 불가능한 요소 때문인지 성과 기준이 비현실적인 것이었는지에 대한 포괄적 검토가 필요하다.

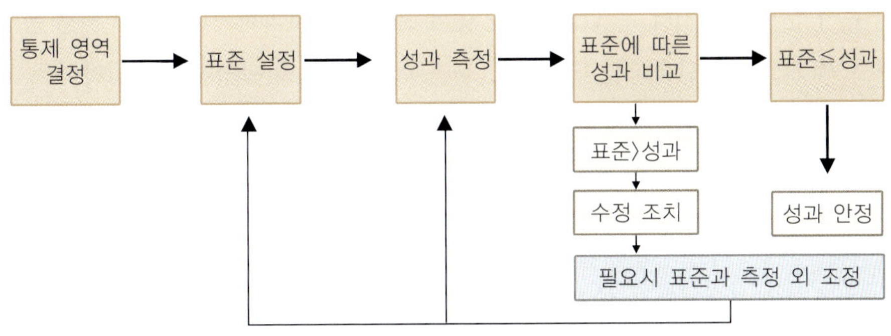

그림 3-13 통제 과정

(2) 통제 유형

① 사전 통제

경영 활동이 실제 수행되기 전에 목표나 표준으로부터 이탈되거나 오류가 발생하는 것을 예방하기 위하여 실시하는 통제로 가장 바람직한 원천적인 통제 유형이다. 예를 들어 급식생산 과정에 투입하기 전 표준 레시피를 작성하여 조리공정을 통제하거나 식재료 검수로 식재료 품질을 통제하는 것이 이에 해당된다.

② 동시 통제

동시 통제는 진행 중인 활동과 프로세스가 기준에 부합하는지를 확실하게 하기 위한 모니터링과 조정 과정을 의미한다. 동시 통제는 최종 결과가 나타나기 전에 수정이 이루어지므로 비용이 적게 들며, 적시에 통제가 이루어지는 장점이 있다. 예를 들어 작업 공정표를 작성하여 조리 종사자들의 작업을 통제하거나 HACCP 점검표를 통하여 위생관리를 하는 것이 여기에 해당된다.

③ 사후 통제

사후 통제는 산출물 결과를 통한 통제로서 가장 많이 사용되는 형태이다. 사후 통제는 원인을 분석하여 사후적으로 필요한 조치를 취할 수 있고, 향후 발생 가능한 유사 문제를 대처할 수 있다. 예를 들어 잔반율을 파악하거나 설문조사를 통하여 고객 기호도와 만족도를 파악하고, 다음 메뉴 계획 시 반영하는 것이다.

표 3-3 시점에 따른 통제 유형

유형	사전 통제	동시 통제	사후 통제
적용 단계	• 투입 단계	• 변환 단계	• 산출 단계
대상	• 투입자원 모니터링	• 프로세스 모니터링	• 산출물 모니터링
기대 효과	• 문제 예측과 예방	• 프로세스 조정	• 다음 계획에 반영
급식 분야 활용	• 식수 수요 예측 • 영양 기준량 • 표준 레시피 작성 • 식재료 검수 • 직무 능력 검사 • HA와 CCP 결정	• 작업 공정표 • 표준 레시피 • HACCP 점검표 • 배식 온도 측정	• 고객 만족도 • 매출액 및 결산 • 원가 분석 • 잔반율 • 기호도

3) 통제 기법

(1) 통제의 기본 요건

상위 경영자와 일선 감독자는 목표와 절차의 실천에 대한 통제를 수행하기 위해 다음과 같은 요건을 갖추어야 한다. 적절한 통제 시스템은 실패 원인을 찾아내고 책임 소재와 실패 요인을 시정하기 위해 필요한 조치를 강구할 수 있도록 명백히 구분될 수 있어야 한다.

① 경영 여건과 직무 특성 반영

직무 특성에 따라 예산, 표준 시간, 비용, 손익분기점 등에서 특정 상황에 적용할 수 없는 경우가 발생하므로 경영자는 경영 여건과 직무 특성에 맞는 통제 시스템을 전략화해야 한다.

② 목표 지향적 통제

통제는 항상 목표 실천을 위한 견제의 역할을 하기 때문에 목표를 전제하여 수정하고 개선점을 찾아가는 것이다.

③ 신속한 보고 시스템

가장 이상적인 통제는 편차가 발생하기 전에 미리 예후를 발견하고 찾아내어 수정하도록 하는 것이다. 이를 위해 수행 결과에 대한 정보를 신속하게 전달할 수 있는 통제 시스템이 필요하다.

④ 예외를 식별하는 통제

통제 과정에서 항상 예외적인 상황에 대한 정확한 식별이 있어야 표준에서 이탈하는 편차를 찾아 시정할 수 있다.

⑤ 탄력적 통제

계획이 변경될 경우나 예측하지 못한 환경 변화가 발생한 경우, 현저한 실패가 예상될 때에는 유동적 통제가 이루어진다. 계획 변경으로 인한 통제는 복잡한 여러 가지 상황에 대처할 계획을 가지고 있어야 한다.

⑥ 경제적인 통제

통제는 비용보다 효과가 크도록 해야한다. 이를 위해 원가 효용 분석이 선행되어야 한다.

⑦ 이해 가능한 통제

복잡한 도표와 수학공식, 통계처리에 의한 통제기술은 모든 경영자에게 유익하게 활용되지 않는다. 따라서, 쉽게 이해할 수 있는 통제기술이 사용되어야 한다.

(2) 경영 통제 기법 종류

경영 통제 기법은 기업의 목표 달성을 위해 계획과 실제 결과를 비교하고, 차이가 발생했을 때 이를 시정하여 경영 활동을 효과적으로 관리하는 방법이다. 다양한 기법들이 있으며, 크게 예산 통제, 재무 통제, 생산 통제, 품질 통제, 마케팅 통제 등으로 나눌 수 있다.

① 예산 통제

경영 활동 전반에 걸친 계획에서 화폐 단위로 표시한 예산을 설정하고, 실제 결과와 비교하여 차이를 분석하고 시정하는 방법이다. 예산 통제는 주로 중간 관리층에서 사용하며, 경영 계획을 수립하고 실행하는 데 중요한 역할을 한다.

② 재무 통제

기업의 재무 상태와 성과를 평가하고 관리하는 기법이다. 대차 대조표, 손익 계산서 등 재무제표를 분석하고, 비율 분석 등을 통해 기업의 재무 건전성과 수익성을 파악한다.

③ 생산 통제

생산 과정의 효율성을 높이고 제품 품질을 관리하는 기법이다. 생산 계획 수립, 재고관리, 품질 검사, 생산공정 관리 등을 포함한다.

④ 품질 통제

제품이나 서비스의 품질을 측정하고 관리하는 기법이다. 품질 기준 설정, 검사, 분석, 개선 등을 통해 고객 만족도를 높이고 불량률을 줄이는 데 기여한다.

⑤ 마케팅 통제

마케팅 활동의 효과를 분석하고 관리하는 기법이다. 판매 분석, 시장 점유율 분석, 마케팅 비용 분석 등을 통해 마케팅 전략의 효율성을 평가하고 개선한다.

⑥ 기타 통제 기법

이외에도 내부 통제, 감사, 성과평가 등 다양한 경영 통제 기법들이 활용된다. 또한, 최근에는 빅데이터 분석, 인공지능 등을 활용한 데이터 기반의 통제 기법들이 등장하고 있다.

그림 3-14 UN 지속가능한 개발 목표와 기업의 내부 경영 통제 시스템 강화

PART Ⅱ

급식소 인적자원관리

급식경영학

Chapter 04

인적자원 확보관리

급식소는 수많은 고객에게 동시에 안전하고 균형 잡힌 식사를 제공해야 하는 복합적인 조직이다. 이러한 운영의 중심에는 '사람'이 있다. 조리사, 영양사, 배식원, 위생 관리자 등 각자의 역할이 유기적으로 연결되어야만 효율적이고 위생적인 급식 서비스가 가능하다. 따라서 인적자원의 확보와 관리는 단순한 인사 행정이 아니라, 급식경영의 성패를 좌우하는 핵심 요인이다. 본 장에서는 급식산업에서 인적자원을 어떻게 확보하고 관리해야 하는지, 그리고 직무분석과 직무설계를 통해 어떤 인재가 어떤 일을 하게 되는지를 체계적으로 학습한다.

학습목적

급식경영 현장에서 필요한 인적자원을 전략적으로 확보하고 관리하는 원리를 이해함으로써, 향후 관리자 또는 영양사로서 조직의 성과를 높이는 인적자원 운영 능력을 기르는 것을 목표로 한다. 또한 직무분석, 직무설계, 모집 및 선발 과정의 실제 절차를 익혀, 급식소 운영 현장에서 적용 가능한 실무 역량을 함양한다.

학습목표

1. 급식산업에서 인적자원관리(HRM)의 중요성과 역할을 설명할 수 있다.
2. 급식소의 규모와 형태에 따른 인적자원관리 조직 구조를 이해하고 비교할 수 있다.
3. 인적자원 확보관리의 주요 단계(인력 계획 – 직무분석 – 모집 및 선발)의 절차를 설명할 수 있다.
4. 직무분석과 직무설계의 개념을 구분하고, 급식소 현장 사례에 적용할 수 있다.
5. 채용 및 선발 과정에서 적합한 인재를 판단하기 위한 기준과 방법을 제시할 수 있다.
6. 효율적인 인적자원 확보가 급식소의 서비스 품질과 조직 경쟁력에 미치는 영향을 분석할 수 있다.

급식산업은 노동 집약적 서비스업으로, 음식 생산과 서비스 제공에서 인적자원이 차지하는 비중이 크다. 특히 생산과 소비가 동시에 이루어지는 급식 서비스의 특성상, 직원의 전문성과 서비스 태도는 고객 만족도에 직접적인 영향을 미친다. 또한 식품안전과 위생관리 역시 인적 요인에 의해 좌우된다.

따라서 급식소의 성공적 운영을 위해서는 우수 인재를 확보하고, 역량을 개발하며, 공정하게 보상하고, 조직에 머무르게 하는 체계적 인적자원관리가 필수적이다. 인적자원관리는 일반적으로 확보, 개발, 보상, 유지의 네 단계로 구분된다.

▶ 인적자원관리 4단계

- 확보(Acquisition) : 직무분석을 통한 인력 계획, 효과적인 모집 및 선발
- 개발(Development) : 신입 직원 교육과 지속적인 역량 개발 프로그램
- 보상(Compensation) : 공정한 성과평가와 동기를 높이는 보상체계
- 유지(Maintenance) : 이직 방지와 조직 몰입도를 높이는 전략

1 인적자원관리의 중요성

급식산업은 다수의 고객에게 동시에 식사를 제공하는 특성상, 인적자원의 역할이 단순한 서비스 제공을 넘어 조직 성과와 직결된다. 급식소에서는 조리 인력의 전문성, 배식 인력의 서비스 태도, 위생 관리자의 책임감이 모두 고객 만족도와 안전에 직접적인 영향을 미친다. 또한 급식소는 제한된 시간 안에 대량의 식사를 제공해야 하므로, 적절한 인력 확보와 효율적인 배치가 경영 성패를 좌우한다.

따라서 급식소 인적자원관리는 일반적인 서비스업의 관리 원칙을 따르면서도, 식품안전·위생관리, 시간 효율성, 대량 조리 특성 등 산업적 특수성을 반영해야 한다. 이는 우수 인재 확보와 체계적 교육훈련으로 이어지며, 궁극적으로는 조직의 지속가능한 성장 기반을 마련하게 된다.

1) 급식산업에서의 HRM(Human Resource Management)

급식업계에서 인적자원관리(Human Resource Management, HRM)는 급식소 운영 목표 달성을 위해 필요한 인력을 효과적으로 확보하고 체계적으로 관리하는 경영 활동의 핵심 영역이다. 현대 급식업계의 인적자원관리는 단순한 '인사관리'를 넘어서 '전략적 인적자원관리' 관점에서 접근되고 있다. 이는 급식소의 장기 경영전략과 인력운용 계획을 연계하여, 지속가능한 성장동력으로서 인적자원을 활용하는 것을 의미한다. 급식 서비스의 특성상 고객과의 직접적 접촉이 빈번하고 식품안전과 직결되는 업무의 비중이 높아, 인적자원의 질적 수준이 서비스 품질을 좌우하는 결정적 요인이 된다.

2) 인적자원관리 조직

급식소의 규모와 운영 형태에 따라 인적자원관리 조직의 구성은 다양하게 나타난다. 소규모 급식소에서는 별도의 인적자원(HR) 부서를 두기 어렵다. 대신 현장 관리자(영양사, 조리실장)가 인적자원관리 역할을 겸임하는 경우가 대부분이다. 이들은 식단 관리나 조리 업무 외에도 직원을 채용하고, 교육하며, 근무를 평가하고, 직원의 애로사항을 듣고 해결하는 역할을 맡는다. 현장의 상황을 가장 잘 알기 때문에 신속하고 유연한 인력관리가 가능하다는 장점이 있다.

여러 급식소를 운영하거나 규모가 큰 위탁급식업체의 경우, 본사에 별도의 HR 부서를 둔다. 이 부서는 채용, 교육, 급여, 노사관계 등 HR 업무를 전문적으로 수행하며, 각 업무를 담당하는 전문가들을 배치한다. 예를 들어, 채용 전문가가 여러 급식소의 인력 수요를 파악해 통합적으로 채용을 진행하고, 교육 전문가는 신입 직원 교육 프로그램이나 직무 능력 향상 교육을 체계적으로 운영한다. 이를 통해 인력 관리의 효율성과 전문성을 높일 수 있다

어떠한 규모의 급식소에서 일하든, 인적자원 관리자는 다음과 같은 핵심 역할을 수행한다.

- 현장 중심의 채용 : 단순히 서류상 스펙만 보는 것이 아니라, 실제 조리 능력, 위생 관념, 고객 서비스 태도 등 현장에서 바로 활용할 수 있는 역량을 가진 인력을 선발하는 데 중점을 둔다.
- 지속적인 교육 : 급식업계는 이직률이 높은 편이므로, 신규 직원뿐만 아니라 기존 직원의 역량을 꾸준히 키워주는 교육 프로그램을 운영하여 직원들의 숙련도를 높이고 이탈을 막아야 한다.
- 원활한 소통 및 갈등관리 : 조리원, 영양사, 배식원 등 다양한 직군 간의 업무 분장이나 갈등을 조율하고, 건강한 조직문화를 조성하여 직원들이 안정적으로 일할 수 있는 환경을 만든다.

3) 인적자원의 확보관리

인적자원의 확보관리는 급식소의 운영 목표 달성을 위해 필요한 인력을 적절한 시기에 적정한 수준으로 확보하는 일련의 관리 활동을 의미한다. 이는 급식소가 지속적이고 안정적인 서비스를 제공하기 위한 기초 단계로서, 체계적인 인력 계획 수립부터 시작된다. 인력 계획에서는 급식소의 규모와 서비스 형태, 예상 고객 수 등을 종합적으로 고려하여 필요한 인력의 규모와 확보 시기를 결정하게 된다. 이후, 직무분석을 통해 영양사, 조리사, 조리원, 배식원 등 각 포지션별 구체적인 역할과 책임, 그리고 요구되는 자격과 역량을 명확히 정의한다. 이러한 기초 작업을 바탕으로 효과적인 모집 활동을 통해 적합한 후보자들을 유치하고, 마지막으로 공정하고 객관적인 선발 과정을 거쳐 급식소에 가장 적합한 인재를 선택하는 것이 확보관리의 핵심 과정이라 할 수 있다.

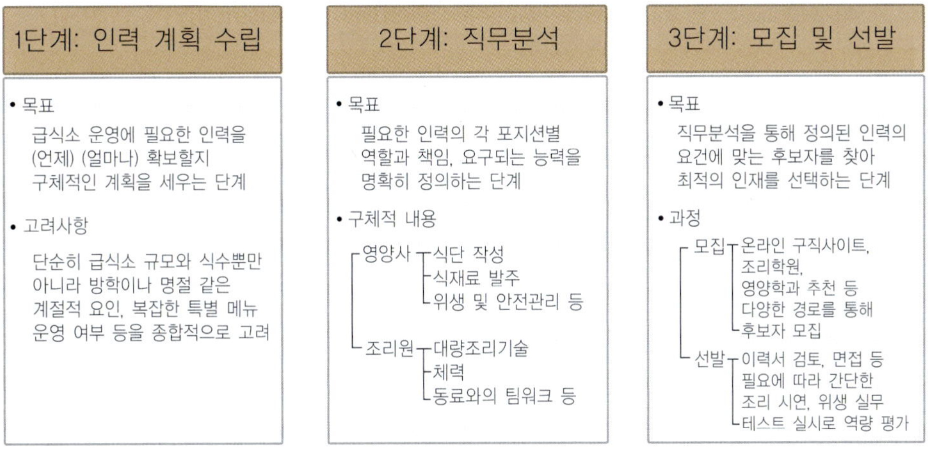

1단계: 인력 계획 수립	2단계: 직무분석	3단계: 모집 및 선발
• 목표 급식소 운영에 필요한 인력을 (언제) (얼마나) 확보할지 구체적인 계획을 세우는 단계 • 고려사항 단순히 급식소 규모와 식수뿐만 아니라 방학이나 명절 같은 계절적 요인, 복잡한 특별 메뉴 운영 여부 등을 종합적으로 고려	• 목표 필요한 인력의 각 포지션별 역할과 책임, 요구되는 능력을 명확히 정의하는 단계 • 구체적 내용 영양사 – 식단 작성 / 식재료 발주 / 위생 및 안전관리 등 조리원 – 대량조리기술 / 체력 / 동료와의 팀워크 등	• 목표 직무분석을 통해 정의된 인력의 요건에 맞는 후보자를 찾아 최적의 인재를 선택하는 단계 • 과정 모집 – 온라인 구직사이트, 조리학원, 영양학과 추천 등 다양한 경로를 통해 후보자 모집 선발 – 이력서 검토, 면접 등 필요에 따라 간단한 조리 시연, 위생 실무 테스트 실시로 역량 평가

그림 4-1 인적자원 확보관리의 3단계

2 직무분석과 직무설계

확보관리의 첫 단계인 인력 계획을 수립한 후에는 구체적인 직무분석과 직무설계가 이루어져야 한다. 직무분석(Job Analysis)은 특정 직무를 수행하는 데 필요한 업무 내용, 책임과 권한, 요구되는 지식과 기술, 자격 요건 등을 체계적으로 조사하고 분석하는 과정이며, 직무설계(Job Design)는 직무분석 결과를 바탕으로 업무의 범위와 내용, 수행 방법, 책임 수준 등을 구체적으로 설계하고 구조화하는 과정이다. 즉, 직무분석은 “이 일이 무엇인지” 파악하는 것이고, 직무설계는 “이 일을 어떻게 구성할지” 설계하는 것이다.

1) 직무분석

(1) 직무분석(Job Analysis)

직무분석은 급식소의 각 직책이 어떤 일을 하는지, 그 일을 잘하기 위해 어떤 능력이 필요한지, 그리고 그 일에 어떤 책임이 따르는지를 명확히 밝히는 과정이다. 이 분석을 통해 직원들을 적재적소에 배치하고, 공정하게 성과를 평가할 기준을 마련할 수 있다.

직무분석의 첫걸음은 어떤 직무부터 분석할지 정하는 것이다. 급식소의 모든 직무를 대상으로 하되, 중요도에 따라 순서를 정해 단계적으로 진행하는 것이 효과적이다.

- 1순위 : 조리사, 조리원 등 핵심 조리 업무
- 2순위 : 배식원, 서비스 담당자 등 고개 접촉 업무
- 3순위 : 설거지, 청소, 식재료 관리 등 지원 업무

이런 순으로 진행하면 급식소 운영에 가장 중요한 직무부터 분석을 시작할 수 있다.

분석 대상이 정해지면 해당 직무에 대한 정보를 체계적으로 수집해야 한다. 이때 다음의 주요 정보들을 수집 및 분석한다.

- 업무 내용 : 직무의 목적, 개요, 수행 방법과 순서
- 노동 조건 : 업무의 강도, 작업 환경(온도, 습도, 환기, 소음 등)
- 안전 및 위험 : 화재, 재해 발생률, 직업병 가능성 등
- 필요 요건 : 직무수행을 위해 필요한 체력, 지식, 경험, 자격증, 성격 등
- 책임 및 권한 : 업무 결과에 대한 책임 범위, 감독 권한 등

직무분석은 보통 인사 담당자나 외부 전문 컨설턴트가 주도한다. 하지만 해당 업무를 실제로 수행하는 직원과 그 직속 상관의 참여가 매우 중요하다. 그들이 직접 경험을 바탕으로 현실적인 정보를 제공해야 정확한 분석이 가능하기 때문이다. 급식소의 규모와 직무의 복잡성에 따라 다를 수 있지만, 충분한 시간을 두고 체계적으로 진행하는 것이 바람직하다.

(2) 직무분석 방법

직무분석 방법은 급식업체의 직무를 분석할 때 하나만 사용하는 것이 아니라, 직무의 특성과 상황에 맞게 조합하여 활용한다. 각 방법의 장점은 살리고 단점은 보완하는 방식으로 가장 정확하고 포괄적인 정보를 얻는 것이 핵심이다.

표 4-1 직무분석 방법

분석 방법	내용	핵심 활용	장점	단점
자기 기입 질문지법	직무 수행자가 미리 준비된 질문지를 작성하여 자신의 업무에 대해 기술	• 다수의 인원에게 공통적이고 기본적인 정보를 신속하게 수집 시 유용 • 예시 : 위탁업체에서 전체 조리원을 대상으로 업무 시간, 작업 내용, 사용 장비 등을 조사	• 대량의 정보를 효율적으로 수집 • 비용이 적게 소요	• 응답자의 주관적 해석 가능 • 과장이나 축소의 위험
관찰법	분석자가 직무 수행자의 작업 과정을 직접 관찰하여 정보 수집	• 반복, 정형화된 업무 분석 시 효과적 • 예시 : 배식원의 배식 과정, 조리원의 식재료 손질 과정 관찰	• 실제 업무 수행 과정의 객관적 파악 • 높은 신뢰성	• 관찰 시점 상황에 따른 결과 편차 • 시간과 비용 과다 소요
체험법	분석자가 해당 직무를 직접 수행하면서 정보 수집	• 업무의 복잡성, 육체적/정신적 어려움을 깊이 있게 이해하고자 할 때 사용 • 예시 : 인사 담당자나 관리자가 직접 세척 업무 체험	• 업무의 세부 사항과 어려움 실질적 파악 • 깊이 있는 분석 가능	• 전문기술 필요 업무 시 적용 어려움 • 숙련도 차이로 인한 편향 발생

분석 방법	내용	핵심 활용	장점	단점
면담법	직무수행자, 상급자, 동료 등과의 면담을 통해 정보 수집	• 창의성이나 문제해결 능력이 중요한 직무에 적합 • 예시: 총괄 영양사나 점장 등 복합 업무 수행자 대상 업무의 책임과 권한, 요구되는 지식과 경험 등을 구체적으로 파악	• 세부적이고 구체적인 정보 확보 • 의문 사항 즉석에서 확인 가능	• 면담자 기술과 경험에 따른 질 차이 • 많은 시간 소요
종합법	여러 방법을 조합하여 사용하는 통합적 접근	• 가장 정확하고 신뢰성 높은 정보를 얻는 최선의 방법 • 예시: 핵심 조리사의 직무분석 시 관찰법, 면담법, 질문지법 병행으로 정보를 수집	• 각 방법의 장점 활용 및 단점 보완 • 가장 정확하고 포괄적인 분석	• 많은 시간과 비용 소요 • 복잡한 과정

(3) 직무기술서(Job Description)와 직무명세서(Job Specification)

직무분석을 통해 수집된 다양한 정보는 체계적으로 정리되어 문서화되어야 한다. 이러한 문서화 작업의 결과물이 바로 직무기술서와 직무명세서이다. 직무기술서와 직무명세서는 모집 및 선발, 교육훈련, 성과평가, 보상관리 등 인적자원관리의 모든 영역에서 기초 자료로 활용되는 핵심 문서로서, 정확하고 상세한 작성이 중요하다. 직무기술서(Job Description)가 특정 직무에서 수행해야 하는 업무의 내용과 책임을 구체적으로 기술한 문서라면, 직무명세서(Job Specification)는 해당 직무를 성공적으로 수행하기 위해 요구되는 자격 요건과 능력을 명시한 문서이다. 직무기술서가 "무엇을 하는가" 즉, 업무 내용 중심이라면, 직무명세서는 "누가 할 수 있는가" 즉, 자격 요건 중심의 기술서이다.

직무기술서 예시 직무 자체에 대한 설명	직무명세서 예시 직무수행에 필요한 인적 요건
• 직무명 —— 조리사 • 소속 및 직급 – 조리팀, 팀장급 • 주요 업무 - 일일 메뉴에 따른 대량조리 - 조리원 업무 배정 및 진행 상황 점검 - 식재료 품질 검수 및 보관관리 - 조리 장비 점검 및 유지관리 - HACCP 기준에 따른 위생관리 • 필요 자격 및 역량 - 자격 : 조리사 면허, 대량조리 경력 3년 이상 - 역량 : 조리법 응용, 조리원 지도, 위생 및 안전관리, 원가관리 • 근무 조건 - 시간 : 06:00~15:00(휴게 1시간 포함) - 환경 : 고온다습, 소음 환경 등	• 직무명 —— 조리사 • 요구 사항 - 학력 : 고등학교 졸업 이상 (조리, 식품영양학과 우대) - 경력 : 대량조리 경력 3년 이상 (단체급식 관리 경력 5년 이상 우대) • 자격 및 면허 - 필수 : 조리사 면허 - 우대 : 복어조리기능사, 제과제빵기능사, 위생사 자격증 • 개인적 특성 - 신체 : 장시간 서서 근무 및 10kg 이상 중량물 취급 가능 - 정신 : 책임감, 성실성, 스트레스 대처 능력, 의사소통 능력, 고객 서비스 마인드 • 기술 및 지식 한식/양식/중식 조리법, 대량조리 기기 운영, 식재료 원가/재고 관리 지식

그림 4-2 직무기술서와 직무명세서의 예시

▶ 직무기술서(Job Description)

- 무엇을 하는가?
- 업무 내용과 책임 중심

▶ 직무명세서(Job Specification)

- 누가 할 수 있는가?
- 자격 요건과 능력 중심

2) 직무설계

직무설계(Job Design)는 직무분석 결과를 바탕으로 업무의 범위, 내용, 수행 방법, 책임 수준 등을 구체적으로 설계하고 구조화하는 과정이다. 이는 단순히 일을 나누는 것을 넘어, 직원의 동기를 높여 만족도를 향상시키고 동시에 조직의 생산성을 극대화하는 전략적 활동이다. 특히 반복적이고 단순한 업무가 많은 급식업체에서는 직무의 단조로움을 줄이는 것이 매우 중요하다. 이를 위해 직무설계는 크게 두 가지 수준에서 접근한다. 첫째, 개인 수준의 설계를 통해 직무 자체의 만족도를 높인다. 둘째, 집단 수준의 설계를 통해 여러 직무 간의 협업과 유연성을 강화한다.

개인 수준의 직무설계는 개별 근로자의 동기부여와 만족도를 높이는 데 초점을 맞춘는 반면, 집단 수준의 직무설계는 팀 전체의 협업, 유연성, 그리고 생산성을 향상시키는 것이 주된 목표이다. 직무단순화, 확대, 충실화는 한 직원의 업무 내용을 바꾸는 방법인 반면, 직무순환과 교차는 '여러 직원'이 '서로의 업무'를 경험하는 방법으로 직원들 간의 관계를 다루는 접근 방식이다.

(1) 직무단순화(Job Simplification)

업무를 세분화하고 단순 반복적인 작업으로 만들어 효율성과 생산성을 극대화하는 방법이다.

- 급식소 사례 : 식자재 전처리, 조리, 배식, 식기 세척 등의 업무를 각각의 전담 직원이 맡도록 한다. 이를 통해 각 직원은 한 가지 작업에만 집중하여 속도와 숙련도를 높일 수 있다.
- 단점 : 업무의 단조로움으로 인한 직무 만족도 저하와 이직률 증가

(2) 직무확대(Job Enlargement)

기존 업무에 비슷한 수준의 다른 업무를 추가하여 업무의 다양성을 높이는 방법이다. 이는 업무의 단조로움을 줄이는 데 효과적이다.

- 급식소 사례 : 기존에 식자재 전처리만 하던 조리원에게 간단한 샐러드나 튀김류 조리 업무를 추가로 맡긴다. 이로써 조리원은 더 다양한 업무를 경험하고, 업무에 대한 흥미를 높일 수 있다.
- 단점 : 업무량 증가로 인한 피로도 상승 우려

(3) 직무충실화(Job Enrichment)

직무에 대한 책임과 권한을 확대하여 직원이 더 큰 자율성을 가지고 일하도록 하는 방법이다. 이는 내재적 동기부여를 높인다.

- 급식소 사례 : 특정 조리원이 특정 코너(예: 국 코너, 튀김 코너)의 전체 조리 과정을 자율적으로 계획하고, 고객의 반응에 따라 맛을 조절할 권한을 부여한다. 이를 통해 직원은 단순히 시키는 일을 하는 것이 아니라, 자신의 업무에 대한 주인의식을 가질 수 있다.
- 한계 : 모든 작업자가 추가적인 책임을 원하지 않을 수 있고 관리 비용이 증가

(4) 직무순환 및 교차(Job Rotation and Cross-Training)

개별 직원이 다양한 업무를 경험하도록 정기적으로 직무를 바꾸거나, 여러 직무를 수행할 수 있도록 교육하는 방법이다. 이는 집단적 유연성과 협업을 강화한다.

▶ 직무순환

- 급식소 사례 : 매달 조리원들이 조리, 배식, 식기 세척 업무를 순서대로 맡게 한다.
- 한계 : 결원 발생 시 대체 인력 활용이 용이하고 직원들의 시야가 넓어지지만, 전문성 축적이 어렵고 순환 초기 생산성 저하 발생 가능

▶ 직무교차

- 급식소 사례 : 조리원이 배식 업무를 미리 배워두어, 배식원이 결근했을 때 바로 투입될 수 있도록 한다.
- 한계 : 인력 운영의 탄력성이 높아지고 비용 절감이 가능하지만, 책임 소재가 불분명해질 수 있고 충분한 교육 시간과 비용이 필요

이러한 직무설계 방법들은 급식업체가 인력 운영의 효율성과 직원들의 직무 만족도를 동시에 높일 수 있는 전략적 도구가 된다. 관리자들은 이 도구들을 활용하여 급식소의 특정 문제를 해결하고, 지속가능한 인력 운영체계를 구축하는 데 필요한 틀을 갖추게 된다.

3) 모집 및 선발

모집과 선발은 급식소 운영에 필요한 인력을 확보하는 체계적인 과정이다. 이는 마치 넓은 깔때기에 다양한 지원자들이 들어와 가장 적합한 소수만이 최종적으로 남는 것과 같다. 이 과정은 급식소의 지속적인 운영을 위한 중요한 기초 단계이다.

(1) 인력 필요성 확인

모집 과정의 첫 단계는 무엇을 위해, 어떤 사람을, 얼마나 뽑을 것인지 정확히 파악하는 것이다. 단순히 결원을 채우는 것이 아니라 장기적인 운영 계획과 연계된 전략적 결정이다.

- 필요한 이유 : 기존 직원의 퇴사, 사업 확장, 업무량 증가 등 인력이 필요한 구체적인 이유를 파악한다.
- 필요한 사람 : 직무분석 결과를 바탕으로 어떤 역량과 자격을 갖춘 인력이 필요한지 명확히 규정한다.
- 예상 비용 : 모집 비용과 교육 비용을 고려하여 전체적인 모집 계획을 수립한다.

(2) 지원자 모집

필요 인력에 대한 계획이 수립되면, 적합한 인재를 채용하기 위해 다양한 채널을 활용한다. 이는 내부 모집과 외부 모집으로 나눌 수 있다.

① 내부 모집

내부 모집은 기존 직원들에게 승진이나 전보의 기회를 제공하는 방법으로, 조직 내부의 인재를 우선적으로 활용하는 전략이다. 파트타임에서 정규직으로의 전환, 부서 간 이동 등이 대표적 사례이다. 내부 모집은 직원들의 동기부여와 조직 충성도 향상에 효과적이며, 기존 직원이 조직문화와 업무에 이미 익숙하다는 장점이 있다. 하지만 새로운 아이디어나 기술 도입이 제한적이고, 내부 경쟁으로 인한 갈등이 발생할 수 있다는 한계도 있다.

② 외부 모집

외부 모집은 조직 외부에서 새로운 인재를 확보하는 방법으로, 다양한 채널을 통해 이루어진다. 온라인 구인사이트, 급식업계 전문 구인사이트, 자사 홈페이지를 활용한 디지털 채널과 지역신문 구인광고, 직업안정센터 연계, 지인 추천 등의 전통적 채널이 있다. 또한 관련 학과와의 산학협력을 통한 채용이나 경력단절 여성, 시니어 인력을 대상으로 한 특별채용 프로그램도 활용된다. 외부 모집은 새로운 기술과 아이디어 도입이 가능하고 인재풀이 넓다는 장점이 있으나, 조직 적응 시간이 필요하고 모집 비용이 높을 수 있다.

(3) 선발 및 최종 결정

모집된 지원자 풀에서 급식소에 가장 적합한 사람을 체계적으로 선발하는 단계다.

① 서류 검토

지원자의 이력서, 자기소개서, 자격증 등을 검토하여 직무에 필요한 기본 요건을 1차적으로 확인한다.

② 선발 시험 및 면접

서류전형을 통과한 지원자를 대상으로 실기 시험과 면접을 실시한다.

- 실기 시험 : 조리 직무의 경우 실기 능력을, 배식 직무의 경우 고객 응대 능력을 평가한다. 이 과정을 통해 서류상으로는 알 수 없는 실무 역량을 파악할 수 있다.
- 면접 : 지원자의 인성, 팀워크, 의사소통 능력, 그리고 급식업무에 대한 이해도를 종합적으로 판단한다.

③ 인적성 검사

성실성, 책임감, 인내심 등 급식업무에 필요한 성격적 특성을 객관적으로 측정하여 면접 결과를 보완하는 자료로 활용한다.

④ 건강 검진 및 최종 결정

급식업무의 위생과 안전을 위해 신체 건강 상태를 확인하는 최종 검사를 실시한다. 모든 정보를 종합적으로 고려하여 최종 고용을 결정한다.

⑤ 오리엔테이션

최종 선발된 신입 직원의 조직 적응을 돕는 단계이다. 급식소의 운영 방침, 안전 수칙, 핵심 업무 절차 등을 교육하여 첫날부터 빠르게 업무에 투입될 수 있도록 지원한다.

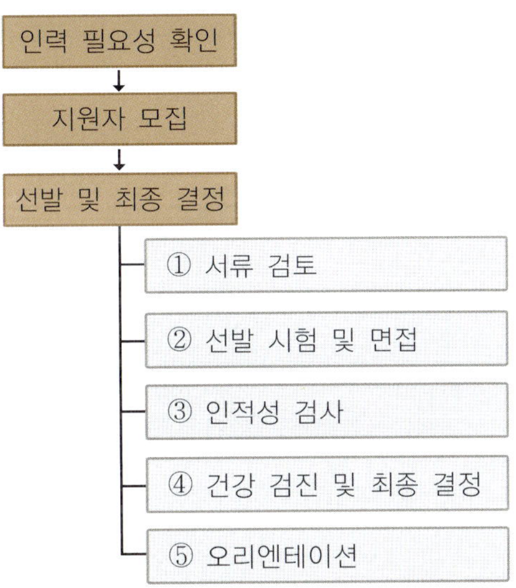

그림 4-3 모집 및 선발 : 적합한 인적자원 확보의 체계적 과정

급식경영학

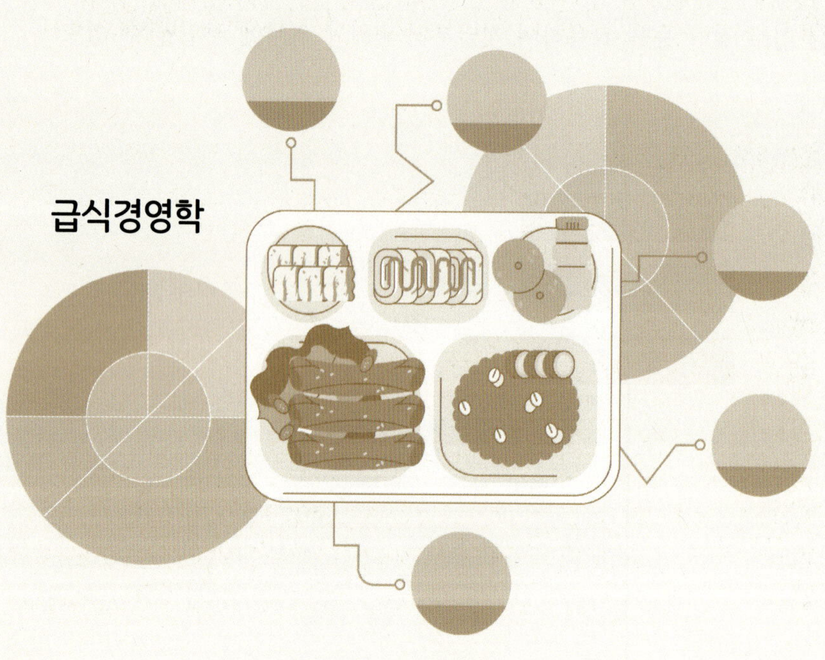

Chapter 05

인적자원의 개발관리

급식경영에서 인적자원은 채용으로 끝나지 않는다. 변화하는 환경 속에서 종사자의 역량을 지속적으로 개발하고, 협력적인 노사관계를 유지하는 것이 조직 경쟁력의 핵심이다. 본 장에서는 급식 현장에 적합한 교육훈련 체계와 노사관계 관리 방법을 통해 인적자원의 성장을 지원하는 방안을 살펴본다.

학습목적

급식종사원의 역량을 체계적으로 개발 · 유지 · 확산하기 위한 교육체계와 노사관계 관리 원리를 이해하고, 현장에서 실행 가능한 교육 설계 · 평가 및 협력적 단체교섭 운영 능력을 함양한다.

학습목표

1. 인적자원 개발관리의 개념과 중요성을 설명할 수 있다.
2. 직장 내 · 외 교육훈련의 유형과 방법을 구분하고 사례를 제시할 수 있다.
3. 급식종사원의 특성에 맞는 맞춤형 교육훈련 체계를 설계할 수 있다.
4. 교육훈련의 평가와 피드백 과정을 이해하고 개선 방안을 제시할 수 있다.
5. 급식업계 노동조합의 역할과 노사관계 관리의 기본 원칙을 설명할 수 있다.

1 급식종사원 교육훈련 분류와 방법

1) 직장 내 훈련

직장 내 훈련(On-the-Job Training, OJT)은 실제 업무 현장에서 선배 직원이나 상급자의 지도 아래 실무를 익히는 교육 방식으로, 급식소의 실무 중심적 특성상 가장 효과적인 훈련 방법 중 하나이다. 급식소 직장 내 훈련의 핵심은 이론보다는 실제 조리 과정, 위생관리, 고객 응대 등을 직접 경험하면서 체득하는 것이다.

(1) 멘토링 시스템

신입 조리원에게 경력 3년 이상의 선배 조리원을 멘토로 배정하여 일대일 맞춤형 지도를 실시하는 방식이다. 예를 들어, 채소 전처리 업무를 담당하게 된 신입 직원의 경우, 멘토는 올바른 칼 사용법부터 시작하여 각 채소별 적정 크기 절단 기준, 작업속도 향상 기법, 안전사고 예방 요령까지 단계적으로 지도한다. 이 과정에서 멘토는 신입 직원의 학습 진도를 매일 체크리스트를 통해 점검하고, 부족한 부분에 대해서는 반복 지도를 실시한다.

(2) 직장 내 순환근무제도

신입 직원을 2-3개월 주기로 다양한 부서에서 근무하게 함으로써 급식소 전체 업무 흐름을 이해하고 본인에게 가장 적합한 직무를 찾을 수 있도록 돕는다. 예를 들어, 신입 직원이 첫 달에는 식재료 검수 및 보관 업무를 담당하여 식자재의 품질 기준과 보관 원칙을 익히고, 둘째 달에는 조리보조 업무를 통해 기본적인 조리기법을 습득하며, 셋째 달에는 배식 업무를 경험하여 고객 접점에서의 서비스 마인드를 함양하는 방식이다.

(3) 실무 프로젝트 참여

신메뉴 개발 프로젝트에 신입 직원을 참여시켜 메뉴 기획부터 시범 조리, 고객 반응 조사까지 전 과정을 경험하게 하거나, HACCP 시스템 점검 프로젝트에 참여시켜 위생관리의 중요성과 실무적용 방법을 체득하게 한다. 이러한 프로젝트 참여 과정에서 직원들은 단순한 업무 수행을 넘어서 문제해결 능력과 창의적 사고력을 기를 수 있다.

2) 직장 외 훈련

직장 외 훈련(Off-the-Job Training)은 업무 현장을 벗어나서 실시하는 교육으로, 급식소에서 직접 제공하기 어려운 전문지식이나 이론적 배경을 습득하는 데 효과적이다. 급식업계의 급속한 환경 변화와 고객 요구 다양화에 대응하기 위해서는 현장 경험만으로는 한계가 있으므로, 체계적인 직장 외 훈련이 필수적이다.

(1) 외부 전문기관 교육 과정 참여

외부 전문기관에서 주관하는 전문교육 과정에 직원들을 파견하여 최신 급식 트렌드, 영양관리 기법, 위생관리 시스템 등을 학습하게 한다. 예를 들어, 조리팀장급 직원의 경우 '대량조리 고급 과정'이나 'HACCP 심화교육'을 이수하게 하여 현장관리 역량을 강화하고, 배식담당 직원들은 '고객 서비스 향상 과정'을 통해 서비스 품질 개선 방법을 익히게 한다.

(2) 학술대회 및 콘퍼런스 참석

급식업계 학술대회에 영양사와 주요 관리자들을 파견하여 업계 최신 동향, 성공 사례, 연구 결과 등을 습득하고, 이를 자사 급식소 운영에 적용할 수 있는 방안을 모색한다. 학술대회 참석 후에는 참석자가 전 직원을 대상으로 학습 내용을 공유하는 보고회를 개최하여 교육 효과를 전파할 수 있다.

(3) 온라인 교육 과정 활용

최근 비대면 교육의 중요성이 부각되면서, 다양한 온라인 급식교육 플랫폼이 개발되었다. 직원들은 개인 스마트폰이나 태블릿을 이용하여 출퇴근 시간이나 휴게 시간을 활용해 교육을 수강할 수 있으며, 반복 학습이 가능하여 학습 효과가 높다. 특히 식품안전교육, 개인위생관리, 응급처치법 등 표준화된 내용의 교육에 효과적이다.

(4) 우수 급식소 견학

업계에서 모범 사례로 인정받는 급식소를 방문하여 운영시스템, 서비스 방식, 시설관리 등을 견학하고, 자사에 적용 가능한 개선점을 도출한다. 견학 시에는 사전에 견학 목적과 중점 관찰 사항을 명확히 하고, 견학 후에는 상세한 보고서를 작성하여 조직 전체가 학습 효과를 공유하도록 한다.

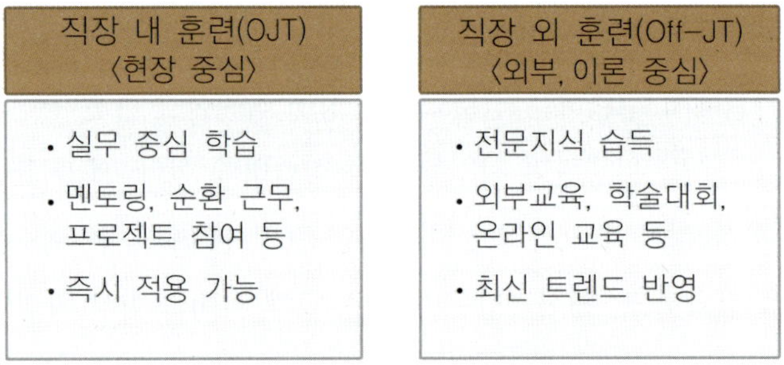

직장 내 훈련(OJT) 〈현장 중심〉	직장 외 훈련(Off-JT) 〈외부, 이론 중심〉
• 실무 중심 학습 • 멘토링, 순환 근무, 프로젝트 참여 등 • 즉시 적용 가능	• 전문지식 습득 • 외부교육, 학술대회, 온라인 교육 등 • 최신 트렌드 반영

그림 5-1 인적자원 교육훈련의 유형

3) 급식종사원 교육훈련 방법

급식소에서는 급식종사원의 특성을 고려한 맞춤형 교육훈련 방법이 필요하다. 종사원은 학력과 연령대가 다양하고, 대부분 실무 경험을 통해 업무를 익혀 온 경우가 많으므로 이론 중심보다는 체험적이고 실용적인 교육 방식이 효과적이다.

신입 직원을 위한 기초교육 단계에서는 급식소 소개, 조직문화 이해, 기본 업무 규정, 안전수칙 등을 다룬다. 이때 단순 암기식 전달보다는 실제 사례와 경험담을 활용하여 이해도를 높인다. 예를 들어, 개인위생 교육 시 '손 씻기를 소홀히 한 조리원으로 인해 100명의 식중독이 발생한 사례'를 제시하면 학습 효과가 크다.

숙련 직원을 위한 심화교육은 전문기술 향상과 리더십 개발에 중점을 둔다. 3년 이상 경력의 조리원에게는 고급 조리 기법, 메뉴개발 참여, 후배 지도 방법을 교육하고, 5년 이상 경력자에게는 팀장 역할 수행, 갈등관리, 품질관리 등을 교육하여 경력개발 욕구를 충족시키고 조직 내 핵심 인력을 양성한다.

급식종사원 교육훈련에 활용되는 주요 방법은 다음과 같다.

① 강의

가장 전통적인 교육 방식으로, 기본 지식이나 이론을 체계적으로 전달한다. 다수의 인원을 동시에 교육하기 적합하나, 일방향적 전달에 머무르지 않도록 질의응답이나 사례 제시를 병행하는 것이 효과적이다.

② 시연

모범적인 작업 과정이나 기술을 강사가 직접 보여주는 방법이다. 조리법, 위생관리, 안전수칙 등 눈으로 보고 따라 해야 하는 교육에서 효과적이다.

③ 사례 연구

실제 현장에서 발생한 사례를 분석하고 토론하는 방식이다. 식중독 사고, 고객 불만 사례 등을 함께 검토하면서 문제해결 능력과 비판적 사고를 기를 수 있다.

④ 역할극

가상의 상황을 설정해 직원들이 직접 역할을 수행해 보는 방법이다. 고객 클레임 대응, 배식 서비스 태도 등을 실제처럼 연습하며 서비스 역량을 강화할 수 있다.

⑤ 그림자교육

신입 직원이 선배 직원의 업무를 따라다니며 관찰·학습하는 방식이다. 이론보다 실제 경험을 통해 빠르게 업무에 적응할 수 있는 장점이 있다.

⑥ 교차훈련

직원이 다양한 직무를 번갈아 경험하게 하는 방법이다. 조리·배식·세척 등 여러 영역을 익혀 인력 운영의 유연성을 높이고, 갑작스러운 결원에도 대응할 수 있다.

⑦ 컴퓨터 기반 학습

온라인 학습 자료, 모의 시험, 영상 강의를 통해 자기 주도적으로 학습하는 방식이다. 반복 학습이 가능하고, 교육이 표준화된다는 장점이 있다.

⑧ VR·AR 기반 실습훈련

가상현실과 증강현실을 활용해 실제와 유사한 환경에서 학습한다. 칼 사용법, 화재 대응, HACCP 점검 등 위험도가 높은 상황을 안전하게 훈련할 수 있다.

⑨ 마이크로 러닝

5-10분 내외의 짧은 학습 콘텐츠를 모바일이나 태블릿으로 제공하는 방식이다. 짧은 시간에 핵심만 학습할 수 있어 바쁜 급식 현장 종사자에게 적합하다.

⑩ AI 맞춤형 학습 플랫폼

직원 개인의 학습 수준과 약점을 분석하여 필요한 교육 콘텐츠를 자동 추천한다. 이를 통해 개별 맞춤형 학습이 가능하며, 교육 효율성을 높일 수 있다.

⑪ 메타버스 활용교육

가상공간에서 조리·배식·고객 응대 상황을 시뮬레이션하는 방식이다. 실제와 유사한 협업 환경을 경험할 수 있어 팀워크와 문제해결 능력 향상에 효과적이다.

급식종사원의 모든 교육훈련은 계획(Plan) - 실행(Do) - 평가(Check) - 개선(Act)의 순환 과정을 거쳐야 하며, 이러한 체계적 절차를 통해 교육의 효과를 검증하고 다음 교육으로 발전시킬 수 있다.

2 노사관계와 노동조합

1) 노동조합의 의의

급식업계에서 노동조합은 종사원의 권익 보호와 근로조건 개선을 위한 중요한 제도적 장치이다. 노동조합을 통해 급식업계 근로자들은 집단적 발언권을 확보하여 사용자와 대등하게 교섭할 수 있다.

노동조합은 단순히 임금 인상만을 요구하는 것이 아니라, 적정한 근무 환경을 조성하여 식품안전과 서비스 품질을 높이는 데 기여한다. 과도한 업무 강도와 불안전한 작업 환경은 위생 사고나 서비스 저하로 이어지므로, 노동조합의 개선 요구는 고객 보호와 서비스 수준 향상으로도 연결된다. 또한 교육훈련 기회 확대, 자격증 취득 지원, 승진제도 개선 등을 요구함으로써 종사원의 전문성 향상과 경력개발을 촉진하고, 업계 전반의 질적 수준을 높인다.

더 나아가 노동조합은 사회적 인식 개선에도 기여한다. 급식업은 단순노무직으로 인식되기 쉽지만, 노동조합은 행사나 캠페인을 통해 급식업무의 전문성과 사회적 가치를 알리고 종사원의 지위를 높이는 활동을 펼친다. 예를 들어 '영양사의 날'이나 '급식의 날' 행사는 업계의 가치를 대중에게 알리는 효과적인 수단이다.

그러나 노동조합이 항상 긍정적 역할만 하는 것은 아니다. 과도한 요구나 무분별한 쟁의행위는 급식 서비스 중단으로 이어져 고객과 기관에 피해를 주고, 사업장의 경영에도 악영향을 미칠 수 있다. 따라서 노사 모두가 상호 신뢰와 협력을 바탕으로 한 건설적 관계를 형성하는 것이 중요하다.

2) 노동조합의 형태와 기능

급식업계 노동조합은 조직 형태에 따라 다양한 유형으로 구분할 수 있으며, 각각 고유한 특징과 기능을 갖고 있다.

(1) 노동조합의 분류

① 산업별

여러 급식업체의 직원들이 함께 참여하는 형태로, 급식업계 전체의 이익을 대변한다. 한국급식산업노동조합과 같은 형태로, 업계 공통의 현안인 최저임금 수준, 업무 강도, 안전 기준 등에 대해 강력한 목소리를 낼 수 있다. 또한 규모의 경제를 활용하여 조합원들에게 다양한 서비스를 제공할 수 있다. 예를 들어, 단체보험 가입을 통한 보험료 절약, 공동 교육 프로그램 운영, 법률상담 서비스 제공 등이 가능하다.

② 직종별

직종별 노동조합도 중요한 형태이다. 조리사만의 조합, 영양사만의 조합 등으로 구성되어 해당 직종의 전문적 이익을 대변한다. 조리사 노동조합의 경우 조리사 자격증 활용도 제고, 조리기술 교육기회 확대, 조리사만의 특별 수당 신설 등을 요구할 수 있다. 이는 직종별 전문성을 인정받고 차별화된 처우를 받는 데 효과적이다.

③ 기업별

가장 일반적인 형태이다. 특정 급식업체의 직원들만으로 구성된 노동조합으로, 해당 기업의 특수한 상황과 요구 사항을 잘 반영할 수 있다는 장점이 있다. 예를 들어, A급식업체 노동조합은 A회사 고유의 급여체계, 복리후생제도, 근무 환경 등에 대한 구체적이고 실질적인 개선 방안을 제시할 수 있다. 그러나 조합원 수가 적어 교섭력이 상대적으로 약하고, 전문적인 노동조합 운영 경험이 부족할 수 있다는 단점이 있다.

④ 지역별

특정 지역의 급식업체들이 공동으로 참여하는 형태로, 지역 특성에 맞는 활동을 전개한다. 예를 들어, 서울 지역 급식업 노동조합은 서울시의 급식 관련 정책에 대한 의견 제시, 지역 내 급식업체 간 정보교류 촉진, 지역사회와의 상생협력 사업 등을 추진할 수 있다.

(2) 노동조합의 기능

① 경제적 기능

가장 핵심적인 기능으로, 단체교섭을 통해 조합원의 실질적인 경제적 이익을 증진하는 활동이다. 매년 또는 격년으로 사용자와 임금교섭을 벌여 기본급 인상, 상여금 지급 기준 개선, 각종 수당 신설 등을 협상한다. 급식업계의 경우 최근 근무 시간 단축, 휴게 시간 보장, 연차휴가 사용권 확대 등 근로조건 전반의 개선에 중점을 두고 있다.

② 공제적 기능

조합원들의 삶의 질 향상과 복지 증진을 위해 수행하는 활동이다. 복리후생 증진은 직접적인 교섭 외에도 다양한 방식으로 이루어진다. 조합원 자녀 장학금 지급, 경조사비 지원, 단체여행 개최, 체육대회 주관 등을 통해 조합원들의 삶의 질 향상에 기여한다. 일부 노동조합은 조합원 전용 휴양시설을 운영하거나 각종 할인 혜택을 제공하기도 한다.

또한, 개별 근로자가 직장에서 겪는 각종 애로사항이나 부당한 처우에 대해 노동조합이 대신 문제를 제기하고 해결 방안을 모색하기도 한다. 예를 들어, 특정 관리자의 과도한 업무 지시나 인격 모독적 언행에 대해 개별 직원이 직접 이의 제기하기는 어렵지만, 노동조합을 통해서 공식적으로 문제 제기하고 개선을 요구할 수 있다.

③ 정치적 기능

정치적 영역에서 근로자의 권익을 대변하고 사회적 영향력을 행사하는 활동이다. 부당해고나 징계처분에 대해 이의를 제기하고, 필요시 노동위원회나 법원에 구제신청을 하는 등의 활동을 통해 조합원의 권리를 보호한다. 또한 산업안전보건법 위반이나 근로기준법 위반 사항에 대해 관련 기관에 신고하여 근로 환경 개선을 도모하는 것도 정치적 기능에 해당한다.

3) 노동관계법과 단체교섭제도

급식업계의 건전한 노사관계 형성을 위해서는 노동관계법에 대한 정확한 이해와 효과적인 단체교섭 시스템 구축이 필수적이다.

(1) 노동관계법

노동관계법은 근로자의 기본적인 권리를 보장하고 고용주와 근로자 사이의 관계를 규율하는 법률 체계다. 그중에서도 노동조합 및 노동관계조정법(노조법), 근로기준법, 그리고 산업안전보건법은 급식업계의 인력 운영에 직접적인 영향을 미치는 주요 법률이다. 특히 노조법은 노동조합의 설립과 운영, 단체교섭, 그리고 쟁의행위(파업 등)에 대한 절차를 다루고 있어, 급식업체 노사관계의 큰 틀을 좌우한다.

- 노조법 : 노동조합의 설립 · 운영, 단체교섭 절차, 쟁의행위 규정을 포함한다.
- 근로기준법 : 근로조건의 최저 기준을 정해 근로자의 기본 권리를 보장한다.
- 산업안전보건법 : 근로자의 안전과 건강을 보호하고 쾌적한 작업 환경을 조성한다.

(2) 노동조합 설립 요건

급식소에서 노동조합을 설립하는 과정은 법률이 정한 절차를 따라야 한다. 가장 기본적으로는 최소 2명 이상의 근로자가 발기인이 되어 조합 규약을 만들고, 이를 바탕으로 고용노동부에 설립신고서를 제출해야 한다.

여러 단체 급식소를 운영하는 위탁급식업체 전체 근로자들이 노동조합을 설립하고자 할 경우, 각 급식소의 상황은 다르지만 전체 근로자를 하나로 묶어 교섭력을 높일 수 있다. 이 경우 급식소별로 따로 조합을 만드는 것보다 전체 사업장을 아우르는 하나의 노동조합을 설립하는 것이 효과적이며, 법적으로도 가능하다.

이를 통해 노조는 개별 급식소의 문제를 넘어 본사 차원의 임금, 복지 문제 등을 협의할 수 있다.

(3) 단체교섭과 쟁의

노동조합이 설립되면 근로자의 권익 보호를 위해 사측과 단체교섭을 진행한다. 단체교섭은 사용자가 정당한 이유 없이 거부할 수 없는 노동조합의 핵심 권리다. 급식업계에서는 주로 매년 초에 임금교섭이 시작되는데, 임금 인상률뿐만 아니라 근로 시간, 휴가, 각종 수당, 복리후생 등 다양한 주제를 논의한다. 교섭 과정에서 양측은 성실교섭 의무를 지니며, 만약 사용자가 교섭을 일방적으로 거부하거나 형식적으로만 임하면 이는 부당 노동행위에 해당한다.

교섭이 실패하면 노동조합은 합법적인 쟁의행위(파업, 태업 등)를 할 수 있다. 하지만 급식업체는 학생이나 환자 등에게 직접 서비스를 제공하는 곳이므로, 쟁의행위가 고객에게 큰 영향을 미칠 수 있다. 특히 학교나 병원처럼 공공성이 강한 분야에서는 필수 서비스 유지 의무 때문에 전면적인 파업이 제한되는 경우가 많다. 따라서 쟁의행위보다는 조정이나 중재 같은 방식으로 문제를 해결하는 것이 급식 서비스의 중단을 막고 노사 간 신뢰를 유지하는 데 도움이 된다.

부당 노동행위 금지는 노사 양측 모두에게 적용되는 중요한 원칙이다. 사용자는 노동조합 가입을 이유로 불이익을 주거나 노동조합 활동을 방해해서는 안 된다. 예를 들어, 급식소장이 노조에 가입한 조리원에게만 힘든 업무를 맡기거나 노조 간부를 한직으로 발령 낸다면 이는 부당 노동행위다. 반대로 노동조합 역시 폭력이나 협박으로 조합 가입을 강요하거나 정당한 업무 지시를 거부하면 안 된다.

표 5-1 단체교섭 5단계 과정(급식소 사례)

단계	과정	주요 내용	비고
1단계	교섭 요구 및 준비	노동조합이 조합원 요구를 반영해 교섭 요구서를 사용자에게 제출한다.	사용자는 10일 이내에 교섭 일정을 통보해야 한다.
2단계	교섭 시작 및 협상	급식업체와 노동조합 대표가 만나 임금, 근로 시간, 작업 환경 등 다양한 주제로 협상한다.	양측은 성실교섭 의무를 지닌다.
3단계	이견 조율 및 합의	협상을 통해 합의에 이르면 단체협약을 체결하고 교섭을 마무리한다.	
4단계	교섭 결렬과 조정	합의에 실패하면 노동위원회에 조정을 신청하고, 제삼자인 노동위원회의 도움을 받아 해결책을 찾는다.	
5단계	쟁의행위	조정이 실패할 경우, 노동조합은 합법적인 쟁의행위(파업, 태업 등)를 할 수 있다.	급식업체는 서비스 특성상 쟁의행위가 제한될 수 있다.*

*급식 서비스는 외부에서 즉시 대체하기 어려운 특성이 있다. 일반적인 제조업과 달리, 급식은 신선한 재료를 사용하여 정해진 시간에 조리 및 제공을 해야 하므로, 파업으로 인해 업무가 중단되면 단기간에 다른 업체가 이를 대신하기 어렵다. 이로 인해 서비스의 연속성이 훼손될 위험이 크다.

급식경영학

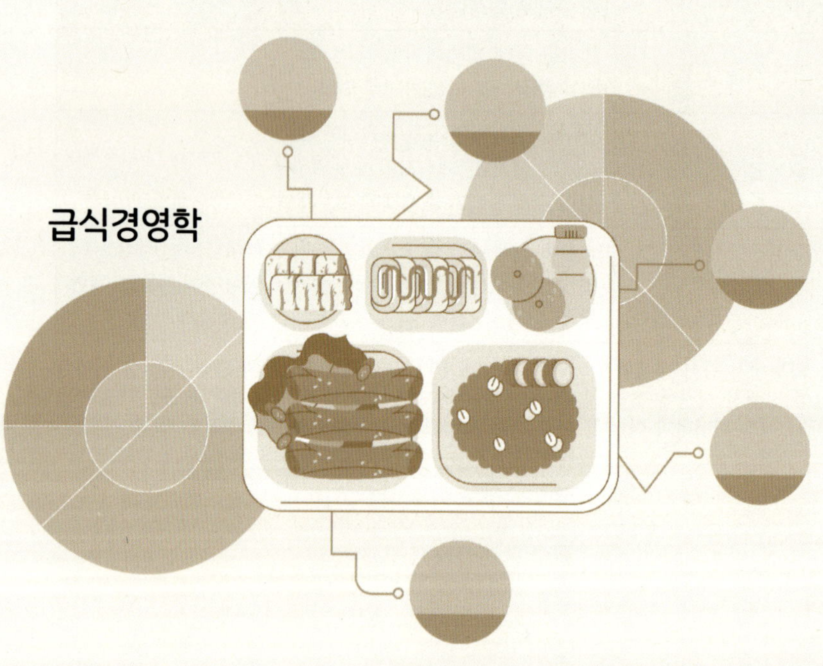

Chapter 06

인적자원의 보상과 유지관리

급식업계에서 인적자원의 보상과 유지관리는 우수한 인재를 지속적으로 확보하고 조직에 몰입시키기 위한 핵심적 경영 활동이다. 급식업은 타 업종 대비 상대적으로 임금 수준이 낮고 이직률이 높은 구조적 특성을 가지고 있어, 공정하고 경쟁력 있는 보상시스템과 효과적인 유지관리 전략이 더욱 중요하다. 본 장에서는 급식소의 특성을 고려한 직무평가 방법론, 다양한 보상관리 기법, 그리고 인력의 지속적 유지를 위한 체계적 관리 방안에 대해 살펴보고자 한다.

학습목적

조직의 특성을 반영한 직무가치 기반 보상체계를 구축하고, 후생복지 · 경력개발 · 인사고과 · 인사이동을 연계한 유지관리 전략을 이해 및 설계하는 능력을 함양한다.

학습목표

1. 급식조직에서 직무평가의 개념과 목적을 설명할 수 있다.
2. 비계량적 · 계량적 직무평가 방법의 종류와 특징을 비교할 수 있다.
3. 급식 현장에서 적용되는 임금 구성 요소를 이해하고, 설명할 수 있다.
4. 후생복지제도의 유형과 주요 내용을 제시할 수 있다.
5. 보상제도의 구성 요소를 구체적 예시와 함께 설명할 수 있다.
6. 인사고과의 목적과 주요 평가 방법을 설명할 수 있다.
7. 인사고과 결과가 승진, 전직, 징계 등 인사이동과 연계되는 과정을 이해할 수 있다.
8. 인적자원의 보상과 유지관리의 중요성을 종합적으로 설명할 수 있다.

1 직무평가

직무평가는 조직 내 직무의 상대적 가치를 체계적으로 측정함으로써, 공정한 보상체계를 구축하는 핵심 과정이다. 급식소에서는 영양사, 조리사, 조리원, 배식원, 청소원 등 다양한 직종이 단일 조직 내에서 운영되므로, 각 직무가 요구하는 숙련도(기술 및 지식), 업무의 복잡성과 책임의 정도, 정신적·육체적 노력(노동강도), 작업 환경의 열악성 또는 위험성, 그리고 해당 직무가 조직 목표에 미치는 영향력 등을 객관적으로 평가하여, 합리적이고 공정한 임금 차이를 설정하는 것이 무엇보다 중요하다.

1) 비계량적 평가법

비계량적 평가법은 직무를 수치로 환산하지 않고, 직무 간 상대적인 비교 또는 등급 분류를 통해 평가하는 방식이다. 적용이 간단하고 이해하기 쉽다는 장점이 있다. 별도의 전문 인력이나 복잡한 분석도구 없이도 급식소장이나 영양사가 직접 평가를 실시할 수 있다. 또한 직무 간 명확한 서열이나 등급이 설정되어 직원들의 승진 목표가 명확해진다는 효과가 있다.

(1) 직무서열법(Ranking Method)

직무서열법은 가장 단순한 비계량적 방식으로, 급식소의 모든 직무를 하나의 순서로 나열하는 방식이다. 일반적으로 책임의 크기, 업무의 복잡성, 요구 기술 수준 등을 종합적으로 고려해 직무 간 순위를 매긴다.

표 6-1 급식소에서 직무서열법 예시

순위(서열)	직종	주요 직무 내용
1위	영양사	메뉴 계획, 영양관리, 위생관리 책임
2위	조리사	조리 및 조리원 감독
3위	선임 조리원	복잡한 조리 및 후배 지도
4위	일반 조리원	기본 조리 보조 업무
5위	배식원	음식 배분

직무서열법은 평가자가 직무들 사이의 순위를 결정할 때 주관적 판단이 크게 작용할 수 있고, 이에 따라 기준이 일관되지 않아 평가 신뢰도가 떨어질 수 있다. 또한, 평가 대상 직무가 많아지면 전체 순서를 유지하고 판단하는 것이 어려워지고, 직무 간 실제 가치 차이가 얼마나 나는지 정확히 파악하기 어렵다는 단점이 있다.

(2) 직무분류법(Classification/Grading Method)

직무분류법은 사전에 정해둔 등급체계 혹은 등급기준표에 따라 직무를 분류하여 평가하는 방식이다. 등급 분류의 기준이 명확하면 이해하기 쉽고, 공정한 경력 경로를 제시할 수 있으며, 조직원이 어떤 등급에 속하는지 알기 쉽다.

표 6-2 급식소에서 직무분류법 예시

직무 등급	해당 직무
관리직	급식소장, 영양팀장
전문기술직	영양사, 조리사
일반기능직	경력 3년 이상의 숙련 조리원
단순노무직	신입 조리원, 배식원, 청소원

직무분류법에서 등급 정의가 명확하지 않으면 잘못된 분류가 생겨 업무 불일치나 혼란을 초래할 수 있다. 특히 직무가 다양하거나 유연하게 변화하는 조직에서는 고정 등급 체계가 실제 직무 특성을 포괄하기 어려워져 한계가 발생할 수 있다.

2) 계량적 평가법

계량적 평가는 직무의 가치를 점수 또는 금전적 수치로 환산함으로써 보다 객관적이고 명확한 기준을 제공한다. 이러한 방식은 대규모 급식운영이나 인사관리가 체계적인 조직에서 유용하게 활용된다.

(1) 점수법

점수법은 직무를 구성하는 주요 평가 요소별로 점수를 부여하고 이를 합산하여 직무의 상대적 가치를 수치로 표현한다. 네 가지 대표적 평가 요소는 숙련도(기술 및 지식), 노력(정신적·육체적), 책임, 작업 환경이다.

직무가 요구하는 요소별 점수를 체계적으로 계산하므로 평가의 객관성이 높아지고, 직무간 형평성이 확보되어 직원들이 수용하기 쉬운 구조가 된다. 또한, 점수 기준이 공개되면 평가의 투명성과 신뢰가 강화되며, 법적 정당성 확보에도 도움이 된다. 반면, 지표 설계와 가중치 설정이 복잡하며 전문 지식이 필요하고, 초기 시스템 구축과 유지에 시간과 비용이 많이 든다. 또한 가중치 부여 과정에서 주관적 편향이 개입될 수 있고, 창의성 등의 비정량적 요소는 반영하기 어려울 수 있다.

표 6-3 급식소에서의 점수법 적용 예시

직무	기술 (40%)	책임 (30%)	정신적 노력 (15%)	육체적 노력 (10%)	작업 환경 (5%)	총점수 (100%)
영양사	35	25	10	5	3	78
조리사	30	20	8	15	2	75
선임 조리원	20	15	6	12	2	55
일반 조리원	15	10	4	15	1	45
배식원	10	8	3	10	1	32

이 총점수에 기반하여 등급화나 임금 수준 구간을 설정하는 작업이 이어질 수 있다.

(2) 요소비교법

평가 요소들(예: 기술, 책임, 노력, 작업 환경)에 대해 기준 직무의 보상 금액 내에서 각 요소별 금액을 배분한 후, 다른 직무의 요소별 가치를 비교해 직무 가치를 금전 단위로 환산하는 방식이다.

예를 들어, 기준 직무로 조리사를 설정하고, 주요 요소별로 급여 구성금을 배분한 뒤, 다른 직무를 동일 요소 기준으로 평가한 사례이다. 이는 각 직무별 상대적 가치를 금전 단위로 명확히 비교하기 위한 방식이다.

표 6-4 급식소에서의 요소비교법 적용 예시

직무	기술 (원)	정신적 노력 (원)	육체적 노력 (원)	책임 (원)	작업 환경 (원)	총 급여 (원)
조리사(기준)	80만	40만	20만	60만	20만	220만
영양사	100만	60만	10만	80만	10만	260만
선임 조리원	60만	30만	25만	40만	15만	170만
일반 조리원	40만	20만	30만	20만	10만	120만
배식원	20만	10만	15만	10만	5만	60만

요소비교법은 절차가 복잡하여 실행에 시간과 노력이 많이 요구된다. 평가 요소를 정의하고 기준 직무를 선정한 뒤 요소별 금전적 가치를 배분하는 과정이 매우 정밀하며, 특히 조직 구성원 수가 많을 경우 더욱 관리가 어려워진다.

2 보상관리

1) 임금

급식소 경영에서 임금체계는 직원의 기대와 조직 운영의 균형을 맞추기 위한 핵심 전략이다. 급식업계에서는 기본급과 수당의 조합을 기반으로 설계되며, 직무 특성과 근로조건을 고려한 차별화된 구조가 필수적이다.

(1) 임금 구성의 기본 구조

기본급은 보통 직무급과 근속연수에 따른 인상분이 함께 반영된 형태로 설계되는 경우가 많다. 직무급은 업무의 난이도와 책임, 필요한 기술 수준에 따라 다르게 책정되는 임금이다. 근속연수에 따른 인상은 같은 직무를 오래 수행하면서 경험이 쌓이면 조금씩 임금이 올라가는 방식이다.

- 직무급 : 수행하는 직무의 가치나 난이도, 책임 수준 등에 따라 급여를 책정하는 방식
- 연공급 : 근속연수나 경력연차가 쌓일수록 임금이 인상되는 제도

(2) 직무수당의 역할 강조

기본급 외에도 직무수당을 통해 특정 직무의 전문성과 책임을 금전적으로 인정한다. 예를 들어 조리사에게는 조리기술수당, 영양사에게는 영양관리수당, 위생관리 책임자에게는 위생관리수당, 그리고 HACCP 자격을 가진 직원에게는 자격수당을 추가로 지급한다. 이러한 직무수당은 조직 내에서 담당하는 역할과 책임의 크기를 반영하여 적절한 보상을 제공하는 제도이다.

(3) 근무조건 수당의 적용

근무 환경이나 근무 시간에 따라 추가로 지급되는 수당도 중요한 보상 요소이다. 법적으로는 야간근무, 연장근무, 휴일근무에 대해 각각 법정 기준에 따른 수당을 지급해야 한다. 이외에도 일부 기관에서는 조리실의 고온다습한 작업 환경을 고려하여 환경수당을 지급하거나, 이른 아침 출근자에게 조기출근수당을 지급하기도 한다. 이러한 근무조건 수당은 직원들의 근무 환경을 보상하고 사기를 유지하는 데 중요한 역할을 한다.

(4) 성과연동 임금제도 도입

최근 급식소 운영에서도 성과 중심의 보상체계가 점차 확산되고 있다. 개인성과급은 고객 만족도, 위생 점검 결과, 원가 절감 실적 등 구체적인 평가 지표를 기

준으로 지급한다. 예를 들어, 영양사가 원가 절감을 통해 예산을 효율적으로 운영했거나 조리원이 위생 점검에서 우수한 결과를 얻은 경우 개인성과급을 받을 수 있다.

또한 팀 단위의 성과를 기준으로 하는 팀성과급도 있다. 조리팀, 배식팀, 위생관리팀 등이 대상이며, 예를 들어 조리팀이 식중독 사고 없이 1년을 운영했다면 팀원 전원이 안전관리 성과급을 지급받는 방식이다. 이러한 제도는 직원 개개인의 동기를 높이고 팀워크를 강화하는 효과가 있다.

(5) 고령자 고용 안정 전략 : 임금피크제

임금피크제란 보통 55세 이후 임금을 동결하거나 일부 삭감하는 대신 정년을 연장하는 제도이다. 예를 들어 55세 이후 기본급을 점차 줄이는 대신 60세 이후에도 계속 근무할 수 있도록 하는 방식이다. 삭감된 임금의 일부는 정부의 지원금으로 보전되기도 한다. 이러한 제도는 조직 입장에서는 숙련된 인력을 오래 유지할 수 있고, 근로자 입장에서는 안정적으로 일자리를 지킬 수 있다는 장점이 있다.

표 6-5 급식소 보상 시스템 구성 요소

구성 요소	정의 및 특징
기본급 (직무급+연공급)	직무의 난이도와 근속연수를 반영하여 초기 급여를 책정하고 점진적으로 인상하는 구조이다.
직무수당	특정 직무의 전문성과 책임 정도를 반영하여 지급하는 수당이다(조리기술수당, 영양관리수당, 위생관리수당, 자격수당 등).
근무조건 수당	작업 환경과 근무 시간 등에 따라 지급하는 수당이다(환경수당, 조기출근수당, 휴일근무수당, 야간수당, 연장근무수당 등).
성과연동 보상	개인과 팀의 성과를 평가하여 기본급의 일정 비율만큼 성과급을 지급하는 방식으로, 직원의 동기부여 효과가 높다.
임금피크제	55세 전후의 근로자를 대상으로 기본급을 점차 조정하면서 정년을 연장하고, 정부 지원금과 연계하여 고용 안정을 도모하는 방식이다.

2) 후생복지

급식업계에서 후생복지는 직원 만족도를 높이는 핵심 수단 중 하나이다. 특히 여성 근로자가 많은 업종의 특성을 반영하여 출산, 육아, 가족 돌봄 등 다양한 복지 욕구를 충족하는 제도를 설계하는 것이 중요하다.

(1) 법정 복리후생의 기본 이행

기본적으로 국민연금, 건강보험, 고용보험, 산재보험 등 4대 보험과 퇴직금 또는 퇴직연금제도를 안정적으로 운영해야 한다. 또한 연차유급휴가는 형식적인 제도로 그치지 않고 실제로 사용할 수 있는 환경을 마련해야 한다. 만약 업무 특성상 연차 사용이 어렵다면 미사용 연차수당 지급이나 연차 이월과 같은 유연한 운영이 필요하다.

(2) 건강관리 지원제도

급식 현장은 화상, 절상, 근골격계 질환 등 직업적 위험이 크기 때문에 연 1–2회의 정기 건강검진이 필수이다. 특히 급식업에 특화된 항목(예: 호흡기 질환, 하지 정맥류, 손목 터널 증후군 등)을 포함해야 한다. 건강검진에서 이상이 발견될 경우에는 치료비 지원, 업무 강도 조정, 작업 환경 개선을 통해 건강 악화를 예방하는 체계를 마련해야 한다.

(3) 가족친화적 복리후생

급식업계 종사자의 다수가 기혼 여성이라는 점을 고려하면, 가족친화제도의 도입이 필요하다. 소규모 급식소에서도 적용할 수 있는 방식으로 인근 어린이집과 제휴하여 보육료를 할인하거나, 아이 돌보미 서비스 비용을 지원할 수 있겠다. 또한 자녀의 고등학교·대학교 교육비 일부 지원, 직원 및 가족의 경조사 시 경조금·부의금 지원 등이 대표적인 제도이다. 이는 직원의 생활을 실질적으로 지원하는 복리후생이다.

(4) 여가 활동 지원으로 직원 만족도 제고

연 1–2회의 워크숍이나 야유회를 개최하여 직원들의 팀워크를 강화하고 스트레스를 해소하는 방법이 있다. 사내 동호회 활동(예: 등산, 배드민턴, 요리 연구 등)을 지원하고, 체육시설이나 휴양시설 이용료를 할인해 주는 방식도 효과적이다. 이러한 여가 활동 지원은 직원의 만족도를 높이고 조직에 대한 소속감을 강화하는 수단이다.

(5) 주거 및 교통비 지원

급식소 인근에 거주하는 직원에게는 근거리 거주수당을 지급할 수 있다. 대중교통을 이용하는 직원에게는 교통비 전액을 지원하고, 자가용 출퇴근 직원에게는 무료 주차 공간 제공이나 유류비 일부 지원을 고려할 수 있다. 이러한 지원은 경제적 부담을 줄이고 근로자의 근속 의지를 높이는 제도이다.

표 6-6 급식소 복리후생제도

항목	주요 내용
법정 복리후생 이행	4대 보험, 퇴직금(또는 퇴직연금) 운영, 연차 사용 보장 및 미사용 연차 처리
건강관리 지원	정기 건강검진, 치료비 지원, 작업 환경 개선
가족친화적 제도	보육 지원, 교육비 지원, 경조금 지급 등 가족친화적 복지 제공
여가 및 힐링 지원	워크숍, 동호회 활동, 체육·휴양시설 이용 할인 등 여가 지원
주거 및 교통비 지원	근거리 거주수당, 교통비 지원, 무료 주차, 유류비 일부 지원 등 편의 제공

3) 보상제도

보상제도는 직원들이 자신의 노력이 정당하게 평가받고 있다는 확신을 가지도록 하는 핵심 장치이다. 급식업계에서는 성과 기반 보상, 승진과 경력개발, 장기근속 보상, 교육 지원, 그리고 비금전적 보상이 균형 있게 설계되어야 한다.

(1) 성과 기반 보상 시스템의 구축

보상은 개인과 팀의 성과 지표에 따라 차별적으로 지급되어야 한다. 성과 지표는 고객 만족도, 식품안전 수준, 원가 절감률, 매출 증가율, 직원 이직률 등으로 설정할 수 있다. 개인 성과평가는 직무별 세부 목표를 활용한다. 예를 들어 조리사의 경우, 메뉴 조리 시간 단축, 재료 손실률 감소, 조리원 교육 실적 등을 평가요소로 삼고, 배식원의 경우, 배식 시간 준수, 고객 불만 건수, 정확한 배식량 등을 지표로 설정할 수 있다. 팀 성과는 음식 품질, 팀워크, 안전사고 발생률 등을 종합적으로 반영하는 방식이다.

(2) 승진 및 경력개발과 연계된 보상

급식업계에서는 세분화된 직급 경로를 제시하고 이를 보상 전략과 연계하는 것이 필요하다. 예를 들어 조리원 → 선임 조리원 → 조리사 → 조리팀장 → 급식소부소장으로 이어지는 경로를 설정하고, 각 단계별 요구 역량과 승진 요건을 명확히 정의한다. 승진 시에는 기본급 인상 외에도 승진 축하금 지급, 직무 관련 교육기회 제공 등을 통해 경력개발을 적극적으로 장려하는 것이 바람직하다.

(3) 장기근속자 예우 시스템

이직률 완화 및 숙련 인력 유지를 위하여 장기근속 보상이 필요하다. 예를 들어 5년, 10년, 15년 근속 시 포상금, 특별휴가, 가족여행 지원, 해외 연수 등을 제공할 수 있다. 특히 20년 이상 근속자에게는 '명예사원' 칭호와 특별 예우를 부여하여 조직 내 자부심과 소속감을 강화할 수 있다.

(4) 교육 및 자기계발 지원

직무 전문성을 강화하기 위해 자격증 취득, 외부 교육, 학력 진학에 대한 지원이 필요하다. 조리기능사, 영양사, 위생사, HACCP 관리자의 자격증 취득 시 교육비 전액 지원과 자격수당을 제공할 수 있다. 또한 외부 전문 과정 수료 시 유급휴가를 제공하고, 야간대학이나 사이버대학 진학 시 학비 일부를 지원하는 방식도 활용할 수 있다.

(5) 인정과 표창을 통한 비금전적 보상

비금전적 보상은 직원들의 동기와 조직문화 형성에 효과적이다. 월별 우수 직원을 선정하여 게시판에 게시하고 소정의 상품을 지급하거나, 연말에는 최우수 직원에게 해외여행 또는 특별 포상금을 제공할 수 있다. 또한 고객 칭찬을 받은 경우 즉시 격려금을 지급하고, 창의적 제안에 참여한 직원에게는 참여상과 우수 제안 보상을 제공함으로써 자발성과 참여를 촉진할 수 있다.

3 유지관리

1) 인사고과 목적

급식소에서 실시하는 인사고과는 단순히 직원의 성과를 점수로 환산하는 절차가 아니라, 조직 운영 전반을 합리적으로 이끌기 위한 중요한 제도이다. 인사고과가 갖는 목적은 다음과 같이 정리할 수 있다.

첫째, 인사고과는 승진과 보직관리의 주요한 근거 자료이다. 급식소에서 조리원이 조리사로, 조리사가 조리팀장으로 승진하는 과정은 공정성과 객관성이 담보되어야 한다. 인사고과는 직원의 직무수행 능력, 책임감, 동료와의 협업 태도 등을 체계적으로 평가하여 인사이동이 자의적으로 이루어지지 않도록 한다. 이를 통해 인사결정에 대한 신뢰를 높이고, 조직 내 갈등을 줄일 수 있다.

둘째, 인사고과는 임금관리와 보상체계의 타당한 근거가 된다. 성과급 지급, 임금 인상, 각종 포상은 공정한 성과평가가 뒷받침되어야만 직원들이 수긍할 수 있다. 인사고과 결과를 기준으로 우수한 성과를 낸 직원에게는 합당한 보상을, 개선이 필요한 직원에게는 적절한 피드백과 기회를 제공함으로써 전체 조직의 성과 향상을 유도할 수 있다.

셋째, 인사고과는 직무 및 조직 운영 개선에 활용된다. 평가 과정에서 드러난 문제점은 단순히 개인의 한계가 아니라, 직무설계나 조직 구조의 문제일 수 있다. 예를 들어, 특정 직무에서 지속적으로 낮은 평가가 반복된다면 직무 분장이나 업무 프로세스 자체를 재검토해야 한다. 이처럼 인사고과는 개인 평가를 넘어 조직 개선의 도구가 된다.

넷째, 인사고과는 채용관리 개선을 위한 자료로도 가치가 있다. 축적된 평가 결과를 분석하면, 조직 내에서 좋은 성과를 내는 직원들의 특성과 역량을 파악할 수 있다. 이러한 정보는 신규 인력을 채용할 때 기준을 설정하는 데 유용하다. 즉, 인사고과는 단순히 재직자 관리뿐 아니라, 미래 인재 확보 전략과도 연결된다.

다섯째, 인사고과는 교육훈련 및 종사원 개발을 위한 핵심 자료이다. 직원들의 강점과 약점을 구체적으로 드러내어 맞춤형 교육 프로그램을 기획할 수 있다. 예를 들어, 기술력은 뛰어나지만 고객 응대가 부족한 직원은 서비스 교육을 받고,

성실하지만 업무 속도가 느린 직원은 효율성 향상 훈련을 받을 수 있다. 이러한 맞춤형 지원은 직원 개인의 역량 향상과 동시에 조직 경쟁력 강화로 이어진다.

2) 인사고과 방법

인사고과는 직원들의 성과와 역량을 체계적으로 평가하여 인사관리 전반에 활용하는 중요한 제도이다. 평가 결과는 승진, 보상, 교육, 배치 등 다양한 의사결정의 근거가 되므로, 평가가 공정하고 신뢰성 있게 이루어져야 한다. 이를 위해서는 명확한 기준을 마련하고, 직무 특성에 맞는 적절한 방법을 선택하는 절차가 필요하다. 급식소와 같이 다수의 직원이 협업하며 운영되는 조직에서는 특히 평가의 객관성과 일관성이 강조되며, 평가 방법의 타당성에 따라 직원들의 만족도와 조직 분위기가 크게 달라질 수 있다.

(1) 직무수행기준평가서 개발

인사고과의 첫 단계는 각 직무에 필요한 수행 기준을 명확히 정의하는 것이다. 이를 위해 직무수행기준평가서를 작성하여 직무별로 요구되는 지식, 기술, 태도, 책임 범위를 구체화한다. 예를 들어, 조리원의 경우 조리 속도, 위생관리, 협업 능력 등이 평가 항목이 되고, 영양사의 경우 영양관리 능력, 식단 구성력, 원가관리 역량이 포함될 수 있다.

직무수행기준평가서는 정량적 항목(예: 조리 속도, 원가 절감률)과 정성적 항목(예: 협업 능력, 서비스 태도)을 균형 있게 반영하여야 하며, 작성 과정에서는 직무분석을 바탕으로 기준을 설정한 후 상급자 및 직원 의견을 수렴하여 최종 확정하는 절차가 필요하다. 또한 평가자가 기준을 올바르게 이해하고 적용할 수 있도록 평가자 교육이 이루어져야 한다.

직무수행기준평가서는 단순히 인사고과 자료로만 활용되는 것이 아니라, 직원 교육훈련 목표 설정, 직무 배치, 경력개발의 기초 자료로도 활용된다. 운영 환경의 변화나 위생 기준, 급식 관리 지침의 변화에 따라 정기적으로 내용을 수정·보완하여 최신성을 유지하는 것도 중요하다. 이처럼 직무별 기준을 구체화하고 관리하면 평가의 객관성과 타당성을 높일 수 있으며, 평가 결과에 대한 직원들의 수용성도 강화된다.

(2) 인사고과의 방법

직무수행 기준이 마련되면, 이를 평가하기 위한 구체적인 방법을 선택하고 실행한다. 인사고과에는 여러 가지 기법이 있으며, 급식소의 인력 규모와 평가 목적에 따라 적절한 방식을 조합하여 활용할 수 있다.

① 체크리스트법

체크리스트법은 인사고과에서 가장 단순하면서도 널리 활용되는 방법 중 하나이다. 미리 설정된 평가 항목을 기준으로, 직원이 해당 항목을 충족하면 ○, 그렇지 않으면 ×를 표시하는 방식이다. 예를 들어, 위생모 착용 여부, 정해진 시간 내 배식 완료 여부, 조리 후 작업대 정리 여부 등과 같은 항목에 대해 해당 여부만 기록하면 된다. 이러한 방식은 간단하고 신속하며, 평가자 간 차이를 줄일 수 있다는 장점이 있다.

그러나 체크리스트법은 모든 항목을 동일하게 취급하기 때문에, 직무성과에 더 큰 영향을 미치는 요소와 그렇지 않은 요소를 구분하기 어렵다는 한계가 있다. 이를 보완하기 위해 가중치 개념을 도입할 수 있다. 즉, 각 항목의 중요도에 따라 점수를 다르게 부여하는 것이다. 예를 들어, 위생모 착용 여부는 1점, 식중독 예방관리 준수 여부는 3점으로 설정하여 더 중요한 항목이 평가 결과에 크게 반영되도록 한다. 이렇게 하면 단순한 ○/× 표시 이상의 의미를 지니며, 평가의 타당성이 높아진다.

체크리스트법은 평가자가 별도의 서술 없이도 일관성 있게 평가할 수 있어 대규모 직원 집단에 효과적이다. 다만, 항목 설계와 가중치 설정이 잘못되면 평가 결과가 왜곡될 수 있으므로, 직무분석을 바탕으로 평가 항목을 신중하게 선정해야 한다.

② 평가척도법

평가척도법은 가장 전형적인 인사고과 방식으로, 평가 항목을 세분화하고 각 항목별로 1점에서 5점과 같은 척도를 설정하여 직원의 직무수행 수준을 수치화하는 방법이다. 이 방식은 직무수행의 정도를 비교적 명확히 구분할 수 있으며, 평가 결과를 통계적으로 처리하기도 쉽다. 예를 들어, 협업 태도를 1점(매우 미흡)에서 5점(매우 우수)까지 점수화하면 직원 간 차이를 한눈에 비교할 수 있다.

장점은 평가 결과를 수치화하여 집단 내 비교와 통계적 활용이 용이하다는 점이다. 그러나 평가자의 주관이 개입될 수 있고, 동일한 점수라도 해석이 모호할 수 있다는 단점이 있다. 따라서 평가척도법은 평가자 교육과 기준 마련이 병행될 때 신뢰성이 높아진다.

③ 서열법

서열법은 동일 집단에 속한 직원을 상대적으로 비교하여 순위를 매기는 방법이다. 집단 내 우열을 쉽게 파악할 수 있다는 장점이 있으나, 개인별 절대적인 성과 수준을 파악하기 어렵고 구성원 간 경쟁과 갈등을 유발할 수 있다는 한계가 있다. 서열법에는 세 가지 주요 방식이 있다.

A. 단순서열법

평가자가 집단 내 모든 직원을 성과 수준에 따라 순서대로 배열하는 방식이다. 가장 우수한 직원부터 가장 낮은 직원까지 1위, 2위, 3위와 같이 순위를 정한다. 예를 들어, 조리원 5명을 전체 성과 순위 1위부터 5위까지 나열하는 것이 단순서열법이다.

B. 교대서열법

집단 내에서 가장 우수한 직원과 가장 낮은 직원을 번갈아 가며 배치하는 방식이다. 먼저 1위를 선정하고, 그 다음에는 최하위를 정하며, 다시 2위를 정하는 식으로 교차적으로 서열을 정한다. 이 방식은 집단 내 상위와 하위를 명확히 구분하는 데 효과적이다.

C. 일조비교법

모든 직원을 두 명씩 짝지어 비교한 뒤, 우수한 직원을 선택하는 방식이다. 각 직원이 다른 직원과 비교된 횟수를 합산하여 최종 순위를 결정한다. 예를 들어, 5명의 조리원을 서로 한 번씩 비교하면 총 10회의 비교가 이루어지고, 가장 많은 비교에서 우수하다고 평가된 직원이 최상위에 위치한다.

이와 같이 서열법은 집단 내 상대적 위치를 신속하게 파악할 수 있는 방법이지만, 절대적 성과 수준을 제시하지 못하고 구성원 간 심리적 갈등을 초래할 수 있어 보완적인 방법과 함께 활용하는 것이 바람직하다.

④ 자유서술법

자유서술법은 평가자가 직원의 직무수행 상황을 관찰한 뒤, 자유로운 형식으로 평가 내용을 기록하는 방식이다. 점수나 순위 대신 글로 표현하기 때문에 직원 개개인의 특성과 강·약점을 풍부하게 기술할 수 있다는 장점이 있다. 예를 들어, "A직원은 위생관리에 철저하고 책임감이 강하지만, 배식 속도가 다소 느려 개선이 필요함"과 같이 기록할 수 있다.

자유서술법은 정량적 비교에는 한계가 있으며, 평가자의 주관적 판단이 크게 작용할 수 있다. 또한 많은 인원을 동시에 평가할 경우 시간과 노력이 많이 필요하다. 따라서 이 방법은 소규모 집단이나 특정 직원의 특성을 심층적으로 파악할 때 적합하다.

⑤ 주요사건기술법

주요사건기술법은 직원의 직무수행 과정에서 발생한 긍정적 혹은 부정적인 주요 사건을 기록하여 평가에 반영하는 방식이다. 예를 들어, "B직원은 조리 중 발생한 화재 위험 상황을 침착하게 대처하여 사고를 예방함"과 같은 사례가 평가 자료가 된다.

이 방법은 실제 사건을 기반으로 하므로 신뢰성이 높고, 직원의 구체적인 행동 특성을 잘 반영할 수 있다. 그러나 평가자가 사건을 꾸준히 기록해야 하고, 일상적 성과보다는 특정 사건에 치중될 수 있다는 한계가 있다. 따라서 주요사건기술법은 다른 방법과 병행할 때 효과적이다.

⑥ 행동기준평가법(Behaviorally Anchored Rating Scale, BARS)

행동기준평가법은 직무수행에서 요구되는 구체적인 행동을 기준으로 평가척도를 설정하는 방식이다. 단순히 점수를 매기는 것이 아니라, 각 점수 구간에 해당하는 구체적 행동 예시를 제시하여 평가의 객관성을 높인다. 예를 들어, 위생관리 항목에서 '손 씻기와 소독 절차를 항상 철저히 준수함'은 5점, '대부분 준수하나 가끔 누락됨'은 3점, '절차 준수가 거의 없음'은 1점과 같이 행동을 기준으로 점수를 부여한다.

이 방식은 행동과 성과를 직접 연결하므로 타당성이 높고 구체적인 피드백 제공이 가능하다. 그러나 평가 기준을 개발하는 데 시간과 비용이 많이 소요된다는 단점이 있다.

⑦ 목표관리법(Management by Objectives, MBO)

목표관리법은 종사원과 관리자가 합의하여 구체적인 목표를 설정하고, 작업 목표량을 결정하며, 그 달성 여부를 함께 측정·평가하는 방식이다. 개인이 목표 달성에 대한 책임을 지고, 관리자는 그 과정과 결과를 함께 검토한다. 예를 들어, '분기 내 잔반율 10% 감소'라는 목표를 합의하여 설정하고, 달성 여부를 평가의 기준으로 삼는 것이다.

MBO는 직원의 책임감과 동기부여를 강화하며, 조직의 목표와 개인의 목표를 일치시킬 수 있다는 장점이 있다. 그러나 외부 요인으로 인해 목표 달성이 좌우될 수 있으며, 지나치게 높은 목표는 오히려 부담이 될 수 있다는 단점이 있다.

⑧ 강제할당법

강제할당법은 일정한 비율에 따라 직원들을 평가 등급으로 강제로 분배하는 방식이다. 예를 들어, 직원들을 상위 20%, 중위 60%, 하위 20%로 나누어 등급을 부여한다. 이 방법은 조직 내 성과 분포를 관리하고, 모든 직원이 최고 등급을 받는 것을 방지하는 효과가 있다.

그러나 실제 성과가 고르게 분포되어 있더라도 강제로 차등을 부여해야 하므로 불만이 발생할 수 있다. 특히 소규모 조직에서는 적용이 적합하지 않을 수 있다. 따라서 강제할당법은 대규모 인력 집단에서 성과관리 목적에 활용되는 경우가 많다.

⑨ 인적평정센터법

인적평정센터법은 모의 상황, 역할극, 그룹 토의, 프레젠테이션 등 다양한 기법을 종합적으로 활용하여 직원의 역량을 다각도로 평가하는 방식이다. 특히 리더십, 문제해결 능력, 의사소통 능력과 같은 관리직 후보자의 잠재 역량 평가에 적합하다. 예를 들어, 조리팀장 후보자에게 모의 식중독 사고 상황을 제시하고, 위기 대응 능력과 리더십을 종합적으로 관찰하는 것이다.

이 방법은 평가의 신뢰성과 타당성이 높고, 잠재 역량을 발견하는 데 효과적이다. 그러나 비용과 시간이 많이 들며, 모든 직원에게 정기적으로 적용하기에는 현실적 제약이 크다. 따라서 인적평정센터법은 주로 관리직 선발이나 고위 인재 발굴 과정에서 활용된다.

3) 인사고과 시 오류

인사고과는 객관성과 공정성을 지향하지만, 평가자의 주관이나 상황적 요인에 의해 다양한 오류가 발생할 수 있다. 이러한 오류는 직원의 실제 성과와 평가 결과 간의 괴리를 만들고, 나아가 조직 내 불만과 갈등을 유발할 수 있다. 주요 오류는 다음과 같다.

(1) 주관적 평가 오류

평가자가 개인적인 호감, 선입견, 감정에 영향을 받아 직원의 실제 성과와 관계없이 평가하는 경우이다. 예를 들어, 평소 성실하게 근무하지만 평가자와 성격이 맞지 않는 직원이 낮은 점수를 받는 경우가 이에 해당한다.

(2) 현혹 효과

직원의 한 가지 두드러진 특성이 전체 평가에 과도하게 영향을 미치는 경우이다. 예를 들어, 위생관리가 뛰어난 직원이 실제로는 협업 능력이 부족함에도 불구하고 모든 항목에서 높게 평가되는 현상이 나타난다.

(3) 중심화 경향

모든 직원에게 중간 점수를 주려는 경향이다. 평가자의 부담을 줄일 수 있지만, 실제 성과 차이를 드러내지 못하고 우수한 직원과 그렇지 않은 직원을 구분하기 어렵게 만든다.

(4) 관대화 경향

평가자가 모든 직원을 실제보다 높게 평가하는 경향이다. 좋은 분위기를 유지할 수는 있으나, 성과 차이를 희석시키고 보상의 공정성을 해칠 수 있다. 반대로 지나치게 낮은 점수를 주는 가혹화 경향도 문제이다.

(5) 유사성 오류

평가자가 자신과 성격, 가치관, 근무 스타일이 비슷한 직원을 실제보다 높게 평가하는 경향이다. 예를 들어, 평가자가 꼼꼼한 성격을 가진 경우, 같은 성격의 직원을 과대평가하는 것이다.

(6) 논리적 오류

관련이 있는 것처럼 보이는 두 특성을 논리적으로 연결하여 잘못 평가하는 경우이다. 예를 들어, 협동심이 높으면 반드시 성실할 것이라고 가정하고 성실성 점수까지 높게 주는 경우가 이에 해당한다.

(7) 최근성 오류

직원의 전체 성과가 아니라 최근의 성과에 지나치게 영향을 받아 평가하는 경우이다. 예를 들어, 평소에는 업무 태도가 좋지 않지만 최근 한 달 동안 열심히 일한 직원이 실제보다 높은 평가를 받는 경우이다.

(8) 대조 효과

평가자가 특정 직원을 다른 직원과 비교하여 상대적으로 평가하는 오류이다. 예를 들어, 매우 우수한 직원을 먼저 평가한 후 보통 수준의 직원이 지나치게 낮게 평가되는 경우이다.

4) 인사이동

(1) 인사고과 면담

인사고과 면담은 직원의 성과와 역량을 평가한 결과를 토대로 이루어지는 공식적인 대화 절차이다. 단순히 점수를 통보하는 과정이 아니라, 직원이 평가 결과를 이해하고 수용할 수 있도록 설명하며, 향후 목표와 개발 과제를 함께 논의하는 자리이다. 이러한 면담을 통해 직원은 자신의 강점과 약점을 객관적으로 파악할 수 있고, 관리자는 조직 목표와 개인 목표를 일치시키는 방향으로 지도할 수 있다.

인사고과 면담의 목적은 평가 결과의 신뢰성을 높이고 성과 향상을 도모하는 데 있다. 또한 직원의 교육훈련 계획을 수립하고, 승진·보상·배치 등 후속 인사 결정을 위한 자료를 마련하는 기능도 한다. 아울러 정기적인 면담을 통해 상사와 직원 간의 소통이 촉진되며, 업무상 애로사항이나 개선 아이디어를 교환하는 기회가 되기도 한다.

인사고과 면담은 여러 유형으로 나눌 수 있다. 정기평가 면담은 반기 또는 연간 성과를 정리하고 차기 목표를 합의하는 과정이다. 성과개선 면담은 목표를 달성하지 못한 직원에게 원인을 진단하고 개선 계획을 세우는 자리이며, 경력개발 면담은 자격증 취득이나 교육, 직무순환 등 성장 경로를 설계하는 데 활용된다. 또한 보상·승진 면담은 성과급 지급이나 승진 결정의 근거를 설명하고, 배치 면담은 적성과 건강, 조직 수요를 고려한 전직 여부를 논의하는 방식이다. 경우에 따라서는 규정 위반에 따른 징계 면담이나, 퇴직 시 퇴직 사유를 확인하고 조직 개선의 자료를 얻는 Exit 면담도 이루어진다.

(2) 인사이동

인사이동은 조직 내에서 직원의 직무, 직급, 부서, 보직 등을 변화시키는 제도를 의미한다. 이는 단순한 배치 전환을 넘어 조직의 효율성을 높이고, 직원의 성장 기회를 마련하며, 인력 자원을 합리적으로 활용하기 위한 수단이다. 인사이동의 결정에는 인사고과 결과가 중요한 기준으로 활용된다. 고과를 통해 직원의 성과와 역량이 객관적으로 파악되기 때문에, 승진·전직·이직·징계와 같은 인사이동 과정에서 공정성과 타당성을 확보할 수 있다.

① 승진

승진은 직원의 직급이나 보직을 상향 조정하여 권한과 보상을 확대하는 인사이동이다. 승진은 개인의 노력과 성과에 대한 보상이자, 조직의 미래 리더를 선발하는 과정이기도 하다. 인사고과는 승진 대상자를 결정하는 핵심 기준으로 작용한다. 예를 들어, 조리사가 조리팀장으로 승진하려면 조리 기술 수준, 위생관리 능력, 후배 지도 역량, 고객 응대 태도 등이 종합적으로 평가되어야 한다. 승진은 직원의 동기를 고취하고 조직의 발전을 견인하는 긍정적 기능을 가지지만, 공정성이 보장되지 않으면 갈등을 유발할 수 있다.

② 전직

전직은 동일한 직급 내에서 부서나 직무를 이동하는 인사이동이다. 이는 직원의 적성과 건강, 생활 여건, 경력개발, 그리고 조직의 인력 수요를 반영하여 이루어진다. 인사고과 결과는 직원이 현재 직무에서 얼마나 적합하게 일하고 있는지를 보여주며, 전직 필요성을 판단하는 중요한 근거가 된다. 예를 들어, 조리 업무에서 근골격계 질환으로 어려움을 겪는 직원이 인사고과에서 '업무 지속성에 제한 있음'으로 평가된다면, 배식이나 위생관리 부서로 전직하는 것이 바람직하다. 전직은 직원의 직무 만족도를 높이고, 조직의 인력 활용 효율성을 개선하는 데 기여한다.

③ 이직

이직은 직원이 조직을 떠나는 것을 의미하며, 자발적 퇴직과 비자발적 해고로 나눌 수 있다. 인사고과는 이직관리에서도 중요한 역할을 한다. 성과가 지속적으로 낮은 직원의 경우, 고과 결과를 바탕으로 성과개선계획(PIP)을 실시하고, 개선이 이루어지지 않을 때 계약 해지나 퇴직으로 이어질 수 있다. 반대로 성과가 우수한 직원이 반복적으로 이직하는 경우에는 조직문화나 근무조건의 문제를 고과 면담과 이직 분석을 통해 파악해야 한다. 예를 들어, 배식원의 이직 사유가 '근무 시간대 불만족'으로 반복적으로 드러난다면, 교대제 개선이나 교통 지원 대책을 마련할 필요가 있다.

▶ 성과개선계획(Performance Improvement Plan, PIP)

- 직원의 업무 성과가 기준에 미달할 때, 그 직원에게 개선의 기회를 주고, 일정 기간 동안 명확한 목표와 피드백을 통해 업무 능력을 회복하도록 돕는 관리 프로그램
- 단순한 경고가 아닌 개선 중심의 코칭 제도
- 개선 목표(구체적 수치로 제시), 개선 기간(짧게는 4주부터 길게는 6개월까지 설정 가능), 지원 내용(멘토 지정, 추가 교육, 면담 등), 평가 방법(정기 점검표, 관리자 관찰기록, 고객 만족도 등 객관적 자료 활용), 결과 조치(개선 목표 달성 시 정상 근무 복귀, 미달성 시 인사 조치 등)를 포함

④ 징계

징계는 직원이 규정을 위반하거나 조직에 손해를 끼쳤을 때 적용되는 제재적 인사이동이다. 징계에는 구두 경고, 견책, 감봉, 정직, 해고 등이 있으며, 위반 정도에 따라 단계적으로 부과된다. 인사고과는 징계 수준을 결정하는 합리적 자료가 된다. 예를 들어, 위생 규정을 반복적으로 위반하여 낮은 고과를 받은 직원은 교육과 경고를 거쳐, 개선되지 않을 경우 감봉이나 정직으로 이어질 수 있다. 징계는 단순한 처벌이 아니라, 조직 질서를 유지하고 재발을 방지하는 예방적 기능을 가진다.

종합적으로, 급식소의 인적자원 보상과 유지관리는 공정한 직무평가에 기반한 합리적 보상체계 구축과 효과적인 인사고과 및 인사이동 시스템 운영을 통해 실현될 수 있다. 이러한 체계적 접근은 개별 직원의 만족도와 조직 몰입도를 제고하여 우수 인재의 장기근속을 유도하고, 궁극적으로 급식 서비스의 품질 향상과 조직 경쟁력 강화로 이어진다. 특히 급식업계가 직면한 인력난과 이직률 문제를 해결하기 위해서는 단순한 임금 인상을 넘어서 종합적이고 전략적인 보상 및 유지관리 시스템의 구축이 더욱 중요해질 것이다

PART III

관리자 리더십과 의사결정

급식경영학

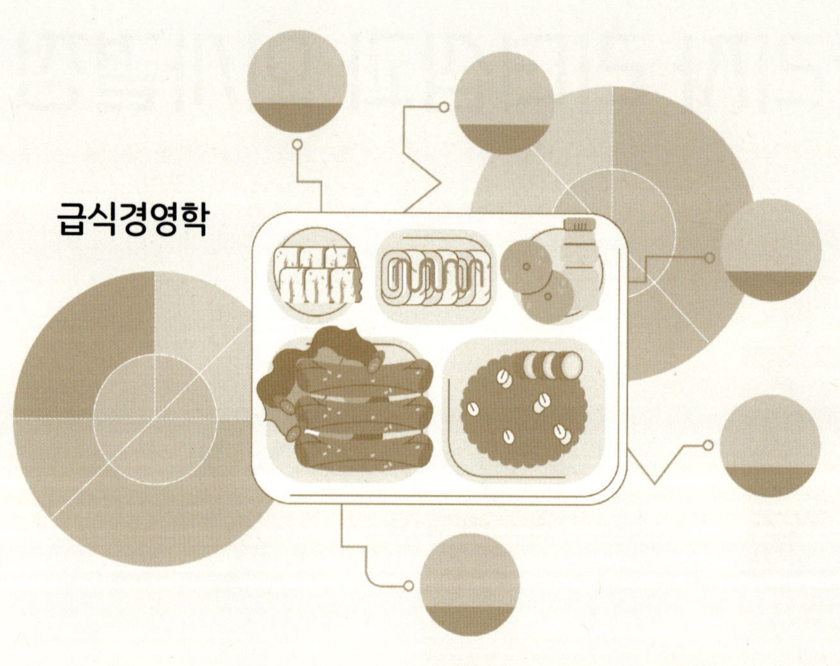

Chapter 07

동기부여 이론

동기부여(motivation)는 인간의 행동을 유발하고 방향을 제시하는 내면적 상태를 의미한다. 급식경영자는 조직의 목적을 달성하기 위해 구성원들이 책임감을 가지고 적극적으로 업무에 임할 수 있도록 동기를 유발해야 한다. 동기가 부여된 구성원은 결근, 이직, 불만, 근무 태만 등이 감소하여 업무 성과가 향상된다. 따라서 급식경영자는 구성원의 동기부여를 위해 직무수행 방법을 명확히 하고, 적극적인 참여를 유도하며, 직무수행에 필요한 시설과 기기를 제공하는 데 힘써야 한다.

학습목적

조직이 목표를 효과적으로 달성하기 위해서는 구성원의 적극적인 참여와 성과 향상이 필요하며 이에 적절한 동기부여가 이루어져야 한다. 본 장에서는 다양한 동기부여 이론을 살펴보고 동기부여 방법에 대해 알아보고자 한다.

학습목표

1. 동기부여 이론을 세 가지 범주로 구분하여 설명할 수 있다.
2. 동기부여의 내용이론을 설명할 수 있다.
3. 동기부여의 과정이론을 설명할 수 있다.
4. 동기부여의 강화이론을 설명할 수 있다.
5. 다양한 동기부여 방법을 이해하고 설명할 수 있다.

1 동기부여 이론

동기부여 이론은 조직 구성원이 어떠한 이유나 조건에서 자발적으로 열심히 일하고, 자신의 업무에서 흥미와 보람을 느끼게 되는가를 탐구하는 학문이다. 이 이론은 인간의 행동을 이해하는 데 유용하며, 접근 방식에 따라 내용이론(content theory), 과정이론(process theory), 강화이론(reinforcement theory)으로 구분된다(표 7-1).

표 7-1 동기부여 이론

구분	특징	관련 이론
내용이론	• 인간의 행동을 일으키는 욕구와 동기의 원천에 초점을 맞춘 이론	• 매슬로우의 욕구계층 이론 • 알더퍼의 ERG 이론 • 허즈버그의 이요인 이론 • 맥클리랜드의 성취동기 이론
과정이론	• 동기가 형성되고 행동으로 이어지는 과정을 설명하는 이론	• 브룸의 기대 이론 • 아담스의 공정성 이론 • 드러커의 목표관리법
강화이론	• 행동 결과가 이후 행동에 미치는 영향을 설명하는 이론	• 스키너의 긍정적 강화 이론

1) 내용이론(content theory)

내용이론은 인간의 행동을 일으키는 다양한 욕구와 동기의 원천에 초점을 맞춘 이론이다. 대표적인 이론으로는 매슬로우의 욕구계층 이론, 알더퍼의 ERG 이론, 허즈버그의 이요인 이론, 맥클리랜드의 성취동기 이론 등이 있다.

(1) 매슬로우의 욕구계층 이론

매슬로우(Maslow)의 욕구계층 이론에 따르면, 인간의 욕구는 가장 낮은 단계에서 가장 높은 단계에 이르기까지 일련의 계층을 형성한다. 이는 생리적 욕구(physiological needs), 안전 욕구(safety or security needs), 사회적 욕구(affiliation or acceptance needs), 존경 욕구(esteem needs), 자아실현 욕구(self-actualization needs)의 다섯 단계로 구분된다(그림 7-1).

매슬로우의 욕구계층	조직에서의 욕구 충족 방법
자아실현 욕구	개인이 성장과 발전할 수 있는 기회와 창의력을 발휘할 수 있는 업무에 도전
존경 욕구	직무에 대한 책임, 칭찬, 보상, 승진, 권한이 있는 경영진
사회적 욕구	친밀한 동료관계, 구성원과의 활동
안전 욕구	보험, 퇴직연금제도, 직무 안정성, 안전한 작업 환경, 공평한 리더십 등
생리적 욕구	임금, 근무 환경

그림 7-1 매슬로우의 욕구계층에 따른 욕구 충족 방법

이 이론에 따르면 충족되지 않은 욕구는 개인에게 동기부여 요인이 되지만, 이미 충족된 욕구는 더 이상 동기부여로 작용하지 않는다. 하위 욕구가 충족되면 상위 욕구가 새롭게 나타나고, 이를 충족하기 위한 행동으로 이어져 다시 동기부여가 발생한다. 하지만 인간의 욕구는 끊임없이 변화하므로 동시에 여러 가지 욕구가 나타날 수 있으며, 욕구계층의 순서가 달라질 수도 있다. 또한 만족된 욕구는 더 이상 동기부여를 할 수 없다는 점 역시 절대적인 법칙으로 보기 어렵다는 한계가 있다.

그러나 매슬로우의 욕구계층 이론은 인간의 욕구를 단계적으로 설명함으로써

동기부여 연구의 기초를 마련했다는 점에서 의의가 있다. 또한 급식경영자가 구성원의 만족을 이끌어내기 위한 동기부여 전략을 수립하는 데 유용하게 활용될 수 있다.

(2) 알더퍼의 ERG 이론

알더퍼(Alderfer)는 구성원의 행동에 영향을 미치는 인간의 욕구를 존재(existence), 관계(relatedness), 성장(growth)의 세 범주로 구분하였으며, 이를 각 단어의 첫 글자를 따서 ERG 이론이라 한다.

① 존재

생존의 기본적인 욕구로, 음식·물·주거·적절한 임금·쾌적한 작업조건 등이 포함된다.

② 관계

가족과 친구, 동료 등과 관계를 맺고 구성원 간의 유대감을 형성하고자 하는 욕구이다.

③ 성장

창의성을 발휘하고 개인의 성장과 발전을 추구하며, 의미 있는 업무를 수행하고자 하는 욕구이다.

ERG 이론은 매슬로우의 이론과 달리 좌절-퇴행 원칙(frustration-regression principle)이 적용되어, 상위 욕구가 충족되지 않을 경우 다시 하위 욕구가 강해질 수 있다. 또한 여러 욕구가 동시에 나타날 수 있으며, 반드시 욕구계층의 순서에 따라 진행되지 않는다는 차이점이 있다(그림 7-2).

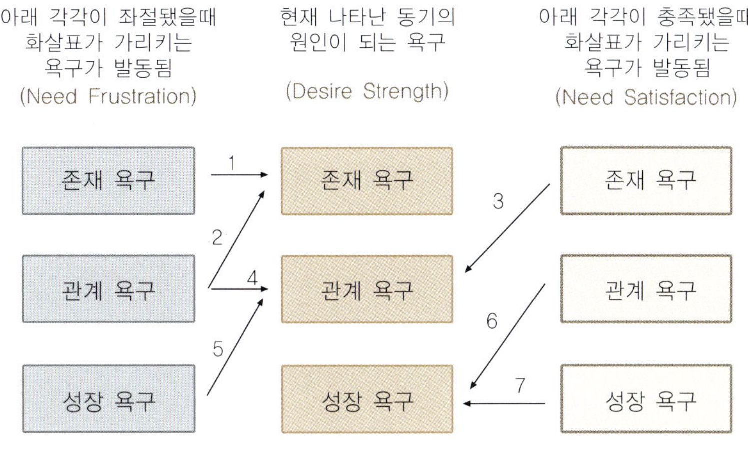

그림 7-2 ERG 이론의 원리

(3) 허즈버그의 이요인 이론

허즈버그(Herzberg)는 인간의 욕구를 만족시키는 업무의 보상과 결과에 초점을 맞춘 이요인 이론(two-factor theory, maintenance motivation theory)을 제안하였다. 이 이론에서는 직무 불만족에 영향을 주는 직무 환경 관련 요인을 위생 요인(hygiene factors) 또는 유지 요인(maintenance factors)이라 하고, 직무 만족에 영향을 주는 직무 자체와 관련되어 있는 사항은 동기부여 요인(motivators)으로 구분한다.

위생 요인이 충족되지 않으면 직무에 불만족이 발생하지만, 위생 요인을 단순히 개선한다고 해서 직무에 만족으로 이어지지는 않는다. 직무에 만족을 느끼기 위해서는 반드시 동기부여 요인이 충족되어야 하며, 동기부여 요인이 충족되지 않는다고 해서 불만족을 느끼는 것은 아니다. 따라서 동기부여 요인은 생산성 향상에 직접적인 영향을 미치므로, 직무확대나 직무충실화 같은 직무설계의 개선을 통해 조직 구성원의 동기부여 요인을 강화할 필요가 있다.

이요인 이론은 구성원의 동기부여에 대한 인식 전환에 기여했으나, 개인마다 작업 환경에 대한 반응이 다르다는 점을 충분히 고려하지 못한 한계점이 있다. 즉 어떤 사람은 성취감이나 책임감과 같은 요인에 의해 동기부여가 되지만, 다른 사람은 급여나 고용 안정성과 같은 요인에서 더 큰 동기부여가 되기도 한다.

표 7-2 허즈버그의 이요인 이론

동기부여 요인	위생 요인
• 성취감 • 인정 • 책임감 • 직무 자체 • 승진 • 성장 가능성	• 급여 • 직장에서의 대인관계 • 감독/기술 • 고용 안정성 • 작업조건 • 조직 정책 • 지위

(4) 맥클리랜드의 성취동기 이론

맥클리랜드(McClelland)는 인간의 욕구가 환경과의 상호작용을 통해 개발되고 학습된다고 보았다. 이러한 욕구는 개인마다 다르며, 개인이 지닌 욕구 유형에 따라 동기부여 방법을 다르게 적용해야 한다고 강조하였다. 성취동기 이론에서는 개인마다 정도의 차이는 있으나 모든 사람들은 성취 욕구(need for achievement), 권력 욕구(need for power), 친화 욕구(need for affiliation)를 지니고 있다고 본다. 이 이론의 의의는 이러한 욕구를 관리 분야와 연계하여 구성원의 특성에 맞는 동기부여 방법을 탐색할 수 있도록 방향을 제시한 데 있다.

① 성취 욕구

성취 욕구는 도전적인 목표를 설정하고 성과를 달성하려는 욕구를 의미한다. 이 욕구가 높은 사람은 성취 가능한 수준의 적절한 난이도의 과제를 선호하며, 성과 기반의 목표와 피드백을 중요한 동기 요인으로 인식한다. 따라서 동기부여를 위해서는 개인별 성과 목표를 설정하고, 성과평가와 즉각적인 피드백을 제공하며, 메뉴개발이나 품질 개선과 같은 프로젝트에 참여할 기회를 부여하는 것이 필요하다.

② 권력 욕구

권력 욕구는 다른 사람에게 영향력을 미치고 조직에 변화를 주고자 하는 욕구를 의미한다. 이 욕구가 높은 사람은 조직에서 리더십을 발휘하고 책임감을 중시한다. 권력이 조직의 목표 달성을 위해 사용될 때는 긍정적 효과를 가져오지만, 개인의 이익을 위해 사용될 경우 부정적으로 작용할 수 있다. 따라서 권력 욕구가 강한 구성원에게는 팀장이나 조리 파트 리더와 같은 역할을 부여하고, 본인의 직무와 관련된 의사결정 과정에 참여할 기회를 제공하는 것이 효과적인 동기부여 방법이 된다.

③ 친화 욕구

친화 욕구는 인간관계, 소속감, 협력을 중시하는 욕구를 의미한다. 이 욕구가 높은 사람은 협동과 화합을 통해 만족을 얻으며, 갈등을 회피하는 경향을 보인다. 따라서 효과적인 동기부여 방법으로는 워크숍이나 친목 모임과 같은 팀워크 강화 활동을 제공하고, 협력적인 과제를 배정하며, 긍정적인 근무 분위기를 조성하는 것이 있다.

2) 과정이론(process theory)

과정이론은 개인이 어떠한 과정을 통해 동기가 형성되고 행동으로 나타나는가에 초점을 두며, 인식절차이론이라고도 한다. 내용이론이 동기의 원천에 주목하는 반면, 과정이론은 개인의 인지(cognition), 즉 자신의 노력, 성과, 보상 간의 관계를 어떻게 해석하느냐에 따라 동기부여 수준이 달라진다고 본다. 과정이론에는 브룸의 기대이론, 아담스의 공정성 이론, 드러커의 목표관리법 등이 있다.

(1) 브룸의 기대이론

기대이론(expectancy theory)은 브룸(Vroom)에 의해 체계화된 이론으로, 동기부여는 기대(expectancy), 수단성(instrumentality), 가치(valence)의 세 가지 요소에 의해 결정된다고 설명한다. 여기서 기대는 개인이 어떤 노력을 기울였을 때 특정 결과가 발생할 것이라고 믿는 가능성을 뜻한다. 수단성은 특정 수준의 성과가 달성되었을 때 그에 상응하는 보상이 주어질 것이라고 믿는 정도를 말한다. 마지막으로 가치는 유의성이라고도 하며, 보상에 대해 개인이 부여하는 중요성이나 선호의 강도를 의미한다.

기대이론은 모든 구성원이 직무 확장만으로 동기부여가 되는 것은 아니며, 일에 대한 인정, 높은 임금, 성취감 등 개인이 부여하는 기대감에 따라 동기가 유발된다고 본다. 즉, 자신이 노력을 기울이면 성과를 낼 수 있다는 기대를 가지고 있고, 그 성과가 보상으로 이어질 것이라는 수단성을 인정하며, 마지막으로 그 보상이 자신에게 가치가 있다고 판단될 때 동기부여가 이루어진다고 제안한다.

급식경영자는 구성원이 노력-성과-보상의 과정을 명확히 인식할 수 있도록 제도와 환경을 설계해야 한다. 이러한 인식이 정착될 때 구성원의 동기부여가 강화되고, 동시에 조직의 성과도 향상된다.

(2) 아담스의 공정성 이론

아담스(Adams)의 공정성 이론(equity theory)은 동기부여에서 공정성의 중요성을 강조한다. 사람들은 자신이 조직에 기여한 투입(input)과 그에 대한 보상인 산출(output)을 다른 사람과 비교한다. 이때 공정하다고 인식하면 동기가 유지되지만, 불공정하다고 느끼면 불만이 생기고 이를 해소하기 위한 행동 변화가 나타난다.

- 투입 요소 : 노력, 시간, 능력, 경험 등 개인이 조직에 제공한 것
- 산출 요소 : 임금, 승진, 복리후생, 직무 안정성 등 조직으로부터 얻는 것
- 비교 대상 : 동료, 다른 부서 직원, 다른 조직의 구성원 등

불공정을 인식할 경우, 구성원들은 투입을 줄이거나 보상을 요구하고, 비교 대상을 바꾸거나 심하면 이직하는 등의 행동을 취할 수 있다. 따라서 적절한 동기부여를 위해서는 개인의 공헌도에 따라 공정한 보상이 이루어져야 한다. 조직은 투명하고 공정한 보상체계를 마련해야 하며, 구성원들이 상대적으로 공정하다고 느끼는 환경을 조성하는 것이 중요하다.

(3) 드러커의 목표관리법

목표관리법(Management by Objectives, MBO)은 조직의 구성원과 관리자가 함께 목표를 설정하고, 그 달성 과정을 체계적으로 관리하는 경영 기법으로, 드러커(Drucker)가 처음 제안하였다. 이 방법은 측정 가능한 목표를 설정하고, 사전에 정한 목표 달성 정도를 기준으로 성과를 평가하는 것이 특징이다.

목표 달성 정도는 정기적으로 평가가 되어야 하며, 그에 따른 피드백을 제공함으로써 구성원들은 자신의 성과를 확인하고 개선 방향을 알 수 있다. 이러한 과정은 구성원들의 업무 성취감과 자기효능감을 높여 동기부여로 이어질 수 있다. 또한 목표관리가 효과적인 동기부여 수단이 되기 위해서는, 조직 구성원이 목표를 수용하고 헌신적으로 노력할 수 있도록 목표 달성 정도에 따른 적절한 보상이 반드시 뒤따라야 한다.

3) 강화이론(reinforcement theory)

강화이론은 행동주의 심리학에 기초하여 스키너(Skinner)가 체계화한 이론이다. 스키너는 인간이 과거의 경험을 토대로 행동한다고 보았다. 인간은 긍정적인 결과를 가져오는 행동은 선호하여 반복하려 하고, 부정적인 결과를 초래하는 행동은 회피하려는 성향이 있다는 것이다. 즉, 특정 행동 뒤의 결과가 긍정적이면 그 행동은 반복될 가능성이 높아지고, 부정적이면 줄어든다고 설명한다.

이 이론은 바람직한 행동에는 보상을 제공하고, 바람직하지 않은 행동에는 징계나 제재를 부과함으로써 구성원이 바람직한 방향으로 행동하도록 동기를 유발하는 이론이다. 예를 들어, 위생 규정을 철저히 지킨 조리 종사원에게 칭찬이나 포상을 지급했다면 급식경영자는 긍정적인 강화를 제공한 것이고 그 종사원은 다음에도 위생 규정을 철저히 지키기 위해 노력할 것이다. 관리자는 구성원이 바람직하지 않은 행동을 반복하지 않도록 징계를 활용하기도 한다. 그러나 징계는 종업원에게 분노와 적대감을 유발할 수 있으므로, 일반적으로 칭찬과 보상에 의한 긍정적 강화가 징계에 의한 강화보다 더 효과적이다.

강화물(reinforcers)은 반드시 보상적이거나 긍정적인 것만을 의미하지 않는다. 예를 들어, 구성원에게 정해진 절차를 준수했을 때 추가 보고 의무를 면제하거나, 청소·야근 면제와 같이 부정적인 상황에서 벗어나게 해주는 회피 강화(avoidance reinforcement) 역시 바람직한 행동을 유도하는 데 활용될 수 있다. 그러나 최근에는 칭찬, 인정, 포상 등과 같은 물질적·정신적 보상을 통한 긍정적 강화물의 활용이 더욱 강조되고 있다.

2 동기부여 방법

조직에서 구성원의 성과와 만족을 높이기 위해서는 스스로 열정을 가지고 목표 달성에 참여하도록 이끄는 동기부여가 필요하다. 동기부여에는 금전적 보상도 중요한 요소이지만, 구성원의 욕구 충족, 성과에 따른 보상과 피드백 제공, 그리고 긍정적인 조직문화 조성이 함께 이루어져야 한다. 따라서 급식경영자는 다양한 동기부여 이론을 이해하고, 이를 실제 현장에 적절히 적용함으로써, 구성원의 업무 의욕을 높이고 조직 성과를 향상시킬 수 있는 방법을 효과적으로 활용해야 한다.

1) 권한 위임(empowerment)

권한 위임은 관리자가 가지고 있는 권한과 책임의 일부를 구성원에게 부여하여, 구성원이 스스로 판단하고 행동할 수 있도록 하는 방법이다. 이는 단순히 업무를 맡기는 것을 넘어, 구성원들이 자율성과 주인의식을 가지고 업무에 참여하도록 유도하는 과정이라 할 수 있다. 권한 위임을 통해 구성원들은 관리자 중심의 지시 체계를 벗어나 참여적 관리가 가능해지고, 자신의 역량과 잠재력을 발휘할 수 있는 기회를 제공받게 된다.

권한 위임은 업무 특성과 구성원의 경험·능력·태도를 고려하여 적절한 사람에게 이루어져야 한다. 위임 시에는 그에 상응하는 책임을 함께 부여하고, 무엇을 어느 수준까지 언제까지 수행해야 하는지를 구체적으로 전달해야 한다. 또한 권한의 범위와 한계를 명확히 제시하여 권한 남용을 방지해야 한다.

권한 위임 후에는 관리자가 불필요하게 간섭하지 않으면서도 지원과 조언을 제공해야 한다. 더불어 성과를 정기적으로 점검하고 피드백을 주며, 성과가 나타났을 때는 인정과 보상을 통해 동기부여로 연결하는 것이 중요하다.

2) 기회 부여(opportunity providing)

기회 부여란 조직의 구성원에게 새로운 과제, 교육, 훈련, 승진, 자기계발의 기회 등을 제공하여 구성원이 자신의 능력과 잠재력을 발휘하고 성장할 수 있도록 돕는 동기부여 방법이다. 이를 통해 구성원들은 단순한 업무 수행을 넘어 성장 욕구를 충족하고, 새로운 과제나 역할을 맡으며 책임감과 주인의식을 기를 수 있다. 나아가 기회 부여는 장기적으로 개인의 경력개발과 조직 내 성장으로 연결된다.

예를 들어, 급식경영 현장에서는 조리 종사자에게 신메뉴 개발 참여 기회를 제공하여 창의성을 발휘하게 하거나, 리더십 교육과 현장 실습 기회를 제공할 수 있다. 또한 관련 세미나와 워크숍 참여 기회를 부여함으로써 구성원의 전문성을 높이고 조직에 대한 몰입을 강화할 수 있다.

3) 임무 부여(task assignment)

임무 부여란 구성원에게 기존의 업무와는 다른 새로운 과제나 역할을 맡김으로써 책임감을 높이고 성취동기를 자극하는 동기부여 방법이다. 이는 단순히 일을 분배하는 차원을 넘어, 구성원에게 도전과 성취의 기회를 제공하는 데 의의가 있다.

임무는 구성원의 지식, 기술, 경험, 태도에 적합해야 하며, 명확하고 구체적으로 전달되어야 한다. 단순히 해야 할 일이 아니라, 조직의 목표와 어떻게 연결되는지를 알려줌으로써 구성원의 책임감과 몰입도를 높여야 한다. 임무 수행 과정에서 관리자는 필요한 지원과 조언을 제공하고, 적절한 피드백을 통해 구성원들의 동기부여를 강화해야 한다. 더불어 임무를 성공적으로 수행했을 때는 반드시 성과를 인정하고 보상해야 한다.

구성원은 임무를 성공적으로 완수했을 때 강한 성취감을 느끼며, 이러한 경험을 통해 스스로를 유능한 존재로 인식하게 된다. 이는 장기적으로 구성원의 자기효능감을 높이고 조직 몰입을 강화하는 효과를 가져온다.

4) 칭찬과 격려(praise & encouragement)

칭찬과 격려는 구성원의 바람직한 행동과 성과를 인정하고 긍정적으로 피드백함으로써, 관련 행동이 반복되도록 유도하는 동기부여 방법이다. 이는 간단하지만 가장 효과적인 방법 중 하나로, 구성원의 긍정적 행동을 강화하고 조직의 성과와 만족을 동시에 높이는 데 기여한다.

칭찬과 격려는 행동 직후에, 그리고 공개적으로 이루어질수록 효과가 크며, 이를 통해 구성원은 조직 내에서 인정받고 존중받는다는 감정을 갖게 된다. 또한 긍정적 피드백이 쌓이면 조직 내 신뢰와 협력 분위기를 조성할 수 있다. 따라서 물질적 보상에 비해 비용은 적게 들지만 기대 이상의 성과를 가져올 수 있는 효과적인 동기부여 수단이다.

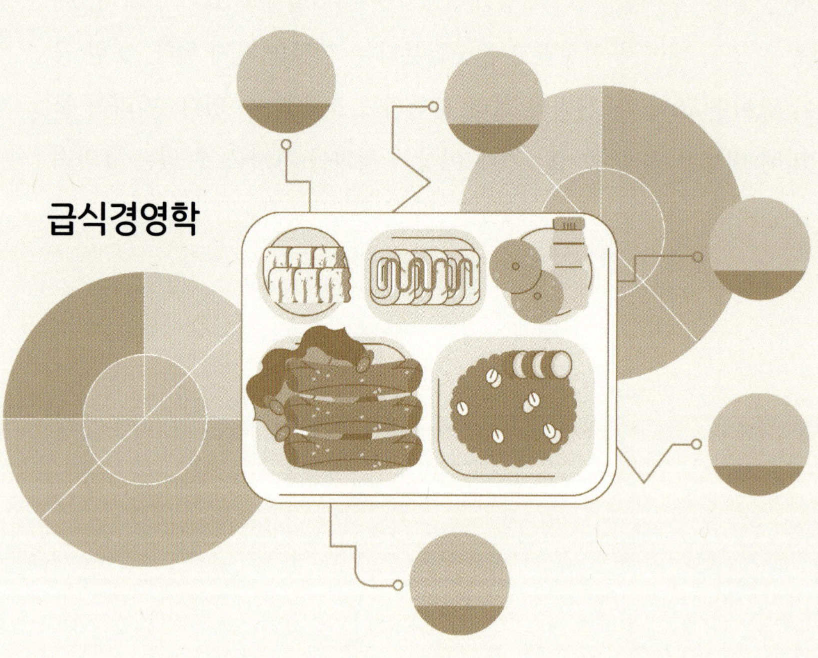

Chapter 08
리더십 이론

조직의 성과와 발전은 구성원들의 능력뿐만 아니라, 이들을 이끄는 리더의 역할에 크게 좌우된다. 리더십은 조직의 목표 달성을 가능하게 하는 핵심 요인으로, 구성원의 행동과 태도에 직접적인 영향을 미친다. 리더십 이론은 시대와 환경의 변화에 따라 다양한 형태로 발전해 왔다. 초기에는 리더십 발휘에 중요한 개인의 특성에 주목하는 특성이론, 이후에는 리더의 행동 유형에 초점을 둔 행동이론, 나아가 상황이나 조직 구성원의 특성에 따라 리더의 행동이 달라져야 한다는 상황이론이 제시되었다. 최근에는 현대 조직의 복잡성과 다양성을 반영한 이론들이 주목받고 있다. 리더십 이론을 이해하는 것은 효과적인 조직 운영, 구성원의 동기부여와 협력적 조직 문화 형성을 위해서도 필수적이다.

학습목적

리더십은 조직의 목표를 달성하기 위하여 리더가 구성원에게 자발적인 노력을 유도하고 영향을 미치는 기술이자 통솔력으로 정의할 수 있다. 본 장에서는 조직의 바람직한 변화를 구현하는 데 핵심적인 역할을 하는 리더십과 관련된 이론에 대해 살펴보고자 한다.

학습목표

1. 관리와 리더십을 비교 설명한다.
2. 리더가 가질 수 있는 권력의 종류에 대해 이해한다.
3. 리더십 이론을 3가지로 분류하고 설명한다.
4. 변혁적 리더십과 섬기는 리더십에 대해 이해한다.

1 리더십과 관리

리더십(leadership)은 관리(management)와 마찬가지로 타인의 업무를 감독하고 조직의 목표 달성을 위해 업무를 지휘하는 데 관련이 있다. 그러나 리더십은 관리와 구별되는 고유한 차이점을 가진다. 리더십은 조직 구성원에게 영향력을 발휘하여 자발적인 참여와 협력을 이끌어내는 과정인 반면, 관리는 조직의 목표 달성을 위해 자원을 계획·조직·통제하는 체계적인 과정이다. 즉, 리더십은 인간의 기본적 욕구를 충족시켜 동기를 부여하는 데 초점을 두는 반면, 관리는 인간을 올바른 방향으로 이끌어 통제하는 데 중점을 둔다. 조직에는 리더십과 관리가 모두 필요하다. 바람직한 변화를 이끌기 위해서는 리더십이 요구되며, 안정적으로 좋은 성과를 거두기 위해서는 관리가 필요하다. 리더십과 관리의 차이점은 표 8-1에 제시되어 있다.

표 8-1 리더십과 관리의 차이

리더십	관리
• 영감·설득·소통을 통한 자발적 참여 유도 • 변화와 혁신을 주도 • 장기적 방향성 제시 • 비전, 신뢰, 인간관계, 동기부여 강조 • 구성원의 주인의식·몰입도 향상, 변화 촉진	• 규칙·제도·지침을 통한 질서와 통제 유지 • 목표 달성을 위한 효율성 확보 • 단기적 성과관리 • 계획·조직·지휘·통제 등 관리 기능 강조 • 조직 운영의 안정성·효율성 확보

2 리더십과 권력

리더가 가진 권력은 조직 구성원의 행동에 영향을 주어 규정과 규칙을 준수하도록 만드는 힘의 원천이 된다. 따라서 권력은 리더십과 권한의 개념과 밀접한 관련이 있다. 리더의 권력에는 지위 권력과 개인 권력이 있다. 지위 권력(position power)은 조직에서 부여되는 힘으로, 개인의 직위와 역할에서 비롯된다. 반면 개인 권력(personal power)은 개인의 특성이나 전문지식 등 내부적인 원천에서 나오는 힘을 의미하며, 지위 권력에 비해 보복에 대한 두려움이 없으므로 그 영향력이 짧게 지속되고 변화되기 쉽다.

리더십의 효과는 어떤 권력을 어떻게 활용하느냐에 따라 달라진다. 또한 리더에게 영향을 미치는 권력의 유형은 상황에 따라 달라질 수 있다.

1) 지위 권력

(1) 합법적 권력(legitimate power)

합법적 권력은 개인이 조직에서 공식적으로 가진 직위로부터 발생한다. 일반적으로 직위가 높을수록 합법적 권력도 커지는 경향이 있다. 예를 들어, 리더가 부하 직원에게 업무를 할당하는 것은 합법적 권력에 의해 이루어진다.

(2) 보상적 권력(reward power)

보상적 권력은 리더가 임금 인상, 승진, 선호하는 업무 배정 등과 같은 보상을 부하 직원에게 제공할 수 있을 때 발생한다. 이는 긍정적 강화를 통해 부하 직원에게 동기를 부여하는 데 활용될 수 있다. 리더가 종업원의 성과에 따라 보너스를 지급하는 경우가 보상적 권력의 한 예이다.

(3) 강제적 권력(coercive power)

강제적 권력은 처벌이나 불이익을 줄 수 있는 권한에서 비롯된다. 이러한 권력을 가진 리더는 부하 직원에게 해고, 강등, 위협 또는 바람직하지 않은 업무를 부여할 수 있다. 강제적 권력은 두려움을 통해 부하 직원의 행동을 통제하는 데 활용된다.

2) 개인 권력

(1) 전문적 권력(expert power)

전문적 권력은 교육이나 경험을 통해 얻은 전문지식, 기술, 능력에서 비롯된다. 리더가 높은 전문성을 지닌 것으로 인정되면 부하 직원들은 자발적으로 그를 신뢰하고 따르게 된다. 전문적 권력은 일반적으로 부하 직원의 업무 수행 및 만족감과 밀접한 관련이 있다.

(2) 준거적 권력(reference power)

준거적 권력은 개인의 매력, 존경, 신뢰 등 인격적 특성에서 비롯되며, 흔히 카리스마라고도 한다. 부하 직원들이 리더를 본받고 동일시하려는 욕구를 바탕으로 형성되며, 이러한 리더는 존경과 사랑을 받아 자연스럽게 다른 사람에게 영향력을 행사하게 된다. 준거적 권력은 전문적 권력과 마찬가지로 부하 직원의 업무 수행과 만족감에 밀접하게 관련된다.

(3) 정보소유 권력(information power)

정보소유 권력은 리더가 보유한 정보에서 비롯된다. 부하 직원들이 필요한 정보를 리더가 가지고 있다고 판단할 때, 리더는 가치 있는 존재로 인식되며 그들은 자발적으로 리더를 따르게 된다.

(4) 연결 권력(connection power)

연결 권력은 조직 내·외부의 영향력 있거나 중요한 인물과 맺은 관계에서 비롯된다. 부하 직원들은 이러한 영향력 있는 네트워크에 속하고자 하므로 연결 권력이 높은 리더에게 영향을 받는다. 이는 현대 조직에서 네트워킹과 관련해 특히 강조되는 권력 유형이다.

3 리더십 이론

리더십에 관한 이론은 여러 연구를 통해 발전해 왔다. 근대 리더십 이론은 크게 특성이론, 행동이론, 그리고 상황이론으로 분류된다(표 8-2).

표 8-2 리더십 이론의 분류

구분	특징	관련 이론
특성이론	• 리더십은 타고난 성격적 특성이나 자질에서 비롯됨	• 카리스마, 지능, 자신감, 결단력 등 리더의 개인적 특성과 관련된 연구
행동이론	• 리더십은 리더의 행동 양식에 따라 설명됨	• 아이오와 대학 모형 • 미시간 대학 모형 • 오하이오 대학 모형 • 관리격자도 모형
상황이론	• 효과적인 리더십은 상황에 따라 달라짐	• 피들러의 상황적합이론 • 허시와 블랜차드의 상황적 리더십 이론

1) 특성이론(trait theory)

리더십 특성이론은 리더십 발휘에 중요한 개인의 특성에 주목하며, 성공적인 리더는 일반인과 다른 고유한 특성을 지닌다고 보는 견해이다. 리더는 선천적으로 타고난 특성이 있다고 보는 매우 오래된 이론으로, 학자들은 리더가 가지는 신체적, 정신적, 인격적 특성을 구명하기 위한 연구를 진행해 왔다. 효과적인 리더가 되기 위해 필요한 개인적인 특징은 다음과 같다(표 8-3).

표 8-3 효과적인 리더가 되기 위해 필요한 개인적인 특징

특징		
• 성품	• 카리스마	• 헌신
• 의사소통	• 능력	• 용기
• 통찰력	• 집중력	• 관대함
• 결단력	• 경청	• 열정
• 긍정적인 태도	• 문제해결 능력	• 관계
• 책임감	• 안정감	• 자기단련
• 섬기는 마음가짐	• 배우려는 자세	• 비전

그러나 특성이론만으로는 리더십을 효과적으로 설명하기에는 한계가 존재한다. 실제로 모든 리더가 이러한 특성을 갖춘 것은 아니며, 리더가 아닌 사람들 역시 이 특성들을 상당 부분 지닐 수 있다. 또한 특정한 특성을 가진 리더가 한 상황에서 높은 리더십을 발휘했다 하더라도, 다른 상황에서도 똑같은 효과를 낸다고 볼 수는 없다.

2) 행동이론(behavioral theory)

행동이론은 리더십을 설명함에 있어 리더의 신체적 특성이나 인성보다는 다양한 행동 유형에 초점을 둔다. 이 이론에서는 리더의 행동을 과업 중심과 인간 중심으로 구분하여 연구했으며, 대표적으로 아이오와 대학 모형, 미시간 대학 모형, 오하이오 대학 모형이 있다. 이후 이러한 연구를 발전시킨 관리격자도 모형이 제시되었다.

(1) 아이오와 대학 모형

아이오와 대학교(University of Iowa)의 연구에서는 리더의 스타일을 전제적(권위적) 리더, 방임적 리더, 민주적 리더로 구분하였으며, 이 중 민주적 리더가 가장 바람직한 형태로 제시되었다.

① 전제적 리더

전제적(autocratic) 리더는 권위를 바탕으로 조직 구성원을 통제하며 일방적으로 명령과 지시를 내리는 유형이다. 이 경우 구성원은 의사결정 과정에 거의 참여하지 못하므로, 리더는 다른 사람들의 유용한 정보를 활용하기 어렵다. 전제적 리더십은 선택의 여지가 없는 위기 상황에서 신속한 결정을 내릴 때는 효과적일 수 있으나, 조직의 지속적 발전이나 구성원의 동기부여 측면에서는 한계가 존재한다.

② 민주적 리더

민주적(democratic) 리더는 조직을 지휘할 때 권위보다는 설득을 중시하며, 구성원의 만족을 중요한 가치로 본다. 의사결정 과정에서 리더가 단독으로 판단하기보다는 구성원의 참여를 이끌어내고, 필요 시 다수결의 원칙을 적용한다. 최종 책임은 리더에게 있지만 권한을 위임하여 구성원의 자율성과 참여를 촉진하는 것이 특징이다. 이러한 리더십은 조직의 지속적 발전과 구성원의 동기부여에 효과적이나, 의견을 수렴하는 과정이 길기 때문에 신속한 의사결정이 필요한 상황에서는 비효율적일 수 있다.

③ 자유방임적 리더

자유방임적(laissez-faire) 리더는 리더의 통제와 간섭을 최소화하고 구성원에게 최대한의 자율성을 부여하여 스스로 문제를 해결하도록 하는 유형이다. 의사결정도 구성원에게 위임되며, 리더는 필요할 때 지원과 조언을 제공한다. 이러한 리더십은 높은 역량과 자기주도성이 있는 구성원에게 적합하며, 실제로 병원장의 의사나 연구소장의 연구원 관리에서 흔히 나타나는 유형이다.

(2) 미시간 대학 모형

미시간 대학교(University of Michigan)의 연구에서는 리더십 유형을 인간 중심적과 과업 중심적으로 구분하였다. 인간 중심적 리더는 직무수행 과정에서 인간관계의 유지와 조화를 중시하는 반면, 과업 중심적 리더는 직무수행 능력과 일의 기술적 특성에 관심을 가지며 과업 완수에 초점을 둔다(표 8-4). 이 연구에서는 생산성을 높이는 데 효과적인 리더십 유형은 인간 중심적 리더십이라고 하였다.

표 8-4 인간 중심적 리더와 과업 중심적 리더의 특성

인간 중심적 리더	과업 중심적 리더
• 종업원과 우호적 인간관계를 유지 • 다른 사람의 감정을 존중 • 다른 사람의 욕구에 민감하게 반응 • 상호 간의 신뢰를 존중	• 수행해야 할 직무를 계획하고 정의 • 과업 책임을 부여 • 직무 기준을 명확하게 설정 • 과업 완수를 촉구하며 결과를 통제

(3) 오하이오 대학 모형

오하이오 주립대학교(Ohio State University)의 연구에서는 구조 주도(initiating structure)와 배려(consideration)라는 두 가지 차원으로 분석하였다. 구조 주도는 업무를 명확히 정의하고 리더와 구성원 간의 과업 수행 관계를 분명히 하는 행동 특성을 의미하며, 배려는 상호 신뢰와 존중을 바탕으로 리더와 구성원 간의 유대 관계를 형성하는 행동 특성을 의미한다. 이 두 특성을 각각 독립적인 X축과 Y축으로 설정하여 리더십을 네 가지의 유형으로 분류하였다(그림 8-1). 효과적인 리더십 발휘를 위해서는 높은 구조 주도와 높은 배려를 동시에 보여줄 필요가 있지

만, 그 효과는 집단의 특성에 따라 달라질 수 있다. 이 연구는 블레이크와 뮤톤의 관리격자도 모형 연구의 기초가 되었다.

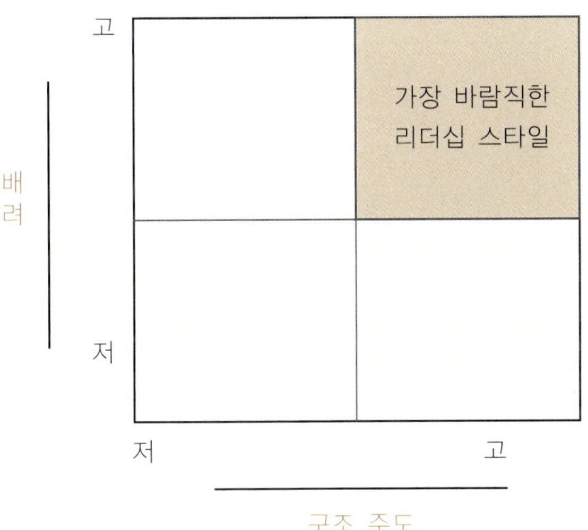

그림 8-1 구조 주도 및 배려와 효과적 리더십

(4) 관리격자도 모형

관리격자도(managerial grid model) 모형은 블레이크와 뮤톤(Blake & Mouton)이 오하이오 주립대학교의 리더십 연구를 발전시켜 제시한 모형이다. 이 모형에서는 X축(9점 척도)을 직무에 대한 관심, Y축(9점 척도)을 종업원에 대한 관심으로 설정하여, 총 81개의 리더십 유형을 도출하였다. 이들 유형은 다섯 가지 기본 리더십 스타일로 대표된다(그림 8-2). 즉 리더십의 기본형은 컨트리클럽형, 무기력형, 과업형, 중도형, 팀형으로 구분된다.

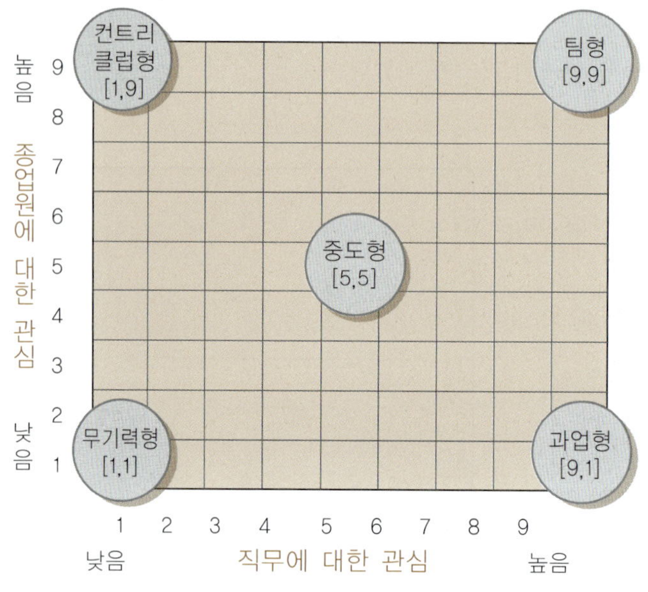

그림 8-2 관리격자도 모형

① 컨트리 클럽형(country club management, 1, 9)

직무에 대한 관심은 낮으나 종업원에 대한 관심이 높은 리더십 유형으로, 인간관계가 원만하고 조직 분위기가 편안하다는 장점이 있다. 그러나 생산성과 성과 측면에서는 한계가 나타날 수 있다.

② 무기력형(impoverished management, 1, 1)

직무와 종업원 모두에 대한 관심이 낮은 리더십 유형으로, 갈등이 적고 리더의 간섭도 최소화된다. 리더십 효과가 거의 나타나지 않으며, 그 결과 조직의 성과가 매우 낮게 된다.

③ 과업형(authority–compliance, 9, 1)

직무에 대한 관심이 높아 과업 달성을 최우선으로 하고, 종업원을 목표 달성 수단으로 간주하는 리더십 유형이다. 이 유형은 위기 상황이나 신속한 성과 달성이 요구될 때 효과적일 수 있으나 인간관계가 소홀해져 구성원의 불만을 초래할 가능성이 있다.

④ 중도형(middle-of-the-road management, 5, 5)

직무와 종업원 모두에 대한 관심도가 중간 수준에 머무르는 리더십 유형이다. 직무와 종업원과의 관계 사이의 균형을 유지하여 갈등을 줄이는 데 효과적이지만, 두드러진 성과를 보이지 못하고 평균적이다.

⑤ 팀형(team management, 9, 9)

직무와 종업원 모두에 대한 관심이 높은 리더십 유형으로, 팀워크를 중시한다. 이 유형은 협력적이고 생산성이 높으며 조직의 발전 가능성이 크기 때문에 조직과 개인의 욕구를 동시에 충족시킬 수 있는 가장 이상적인 형태로 평가된다. 그러나 모든 상황에서 효과적으로 적용되기는 어렵고, 구성원의 성숙도에 따라 성과가 달라질 수 있다는 한계가 있다.

3) 상황이론(situational theory)

상황이론은 리더십 행동이론을 확대한 개념이다. 행동이론이 리더의 행동 유형 자체에 초점을 맞춘 반면, 상황이론은 상황이나 조직 구성원의 특성에 따라 리더의 행동이 달라져야 한다고 본다. 즉, 어떤 리더의 행동이 특정 상황에서는 효과적일 수 있으나, 다른 상황에서는 그렇지 않을 수 있다는 가설에 기초한다.

이 이론은 과업의 성격, 부하의 특성, 권력 구조, 조직의 체계와 정보 흐름 등 리더십에 영향을 주는 다양한 상황 요인을 분석한다. 이를 통해 성과 달성에 적합한 관리자를 선발하고, 효과적인 리더십 환경을 조성하는 데 기여하였다. 대표적인 상황이론에는 피들러의 상황적합이론과 허시와 블랜차드의 상황적 리더십 이론 등이 있다.

(1) 피들러의 상황적합이론

상황적합이론(contingency theory)은 리더의 특성과 행동적 접근을 결합한 이론으로, 리더는 자신의 행동 스타일이 과업 지향형인지 관계 지향형인지를 파악하고, 이에 적합하도록 상황을 조정해야 한다. 피들러(Fiedler)는 세 가지 주요 상황 변수를 중심으로 한 상황적합 모형(contingency model)을 제시하였다. 그는 이 변수들을 조합하여 여덟 가지 상황(옥탄트)으로 구분하고, 각 상황에서 효과적인 리더십의 유형을 규명하고자 하였다(표 8-5). 리더와 부하의 관계가 좋고, 과업이 구조화된 정도가 높고, 지위 권력이 강한 경우는 상황 선호도가 좋은 것으로 간주된다. 반대로 이러한 조건이 모두 충족되지 않으면 상황 선호도가 나쁘다는 것으로 평가된다.

표 8-5 상황 변수의 8가지 조합(옥탄트)

옥탄트 / 상황 변수	1	2	3	4	5	6	7	8
리더-구성원 관계	좋음 (good)	좋음 (good)	좋음 (good)	좋음 (good)	나쁨 (poor)	나쁨 (poor)	나쁨 (poor)	나쁨 (poor)
과업 구조	높음 (high)	높음 (high)	낮음 (low)	낮음 (low)	높음 (high)	높음 (high)	낮음 (low)	낮음 (low)
지위 권력	강함 (strong)	약함 (weak)	강함 (strong)	약함 (weak)	강함 (strong)	약함 (weak)	강함 (strong)	약함 (weak)

① 리더-구성원 관계(leader-member relations)

리더와 구성원 간의 신뢰, 존경, 충성 수준을 의미하며, 좋음(good) 또는 나쁨(poor)으로 구분된다. 관계가 원만하면 리더십 발휘가 용이하지만, 관계가 나쁘면 갈등이 빈번하게 발생한다.

② 과업 구조(task structure)

과업이 얼마나 명확하게 정의되고 절차가 구체화되어 있는지를 의미하며, 높음(high)과 낮음(low)으로 구분된다. 일상적이고 이해하기 쉬우며 모호하지 않은 과업은 구조화된 것으로 본다. 구조화된 과업은 리더의 부담을 줄이는 반면, 비구조화된 과업은 리더의 개입이 더 많이 요구된다.

③ 지위 권력(position power)

인사, 보상, 징계와 같은 영역에서 리더가 공식적으로 보유한 권한의 강도를 의미하며, 강함(strong)과 약함(weak)으로 구분된다. 권한이 강할수록 상황 통제가 용이하고, 약할수록 리더십 효과가 제한된다.

피들러는 리더십 스타일을 과업 지향적 리더(task-oriented leaders)와 관계 지향적 리더(relationship-oriented leaders)로 구분하고, 개인이 어떤 스타일에 속하는지를 측정하기 위해 LPC 척도를 개발하였다. LPC는 '가장 싫어하는 동료 작업자(Least Preferred Co-worke)'를 의미한다. 이 척도는 지금까지 함께 일했던 사람들 가운데 가장 일하기 어려웠던 사람, 즉 자신이 가장 싫어했던 동료를 떠올리게 한 뒤 그 사람의 개인적 특성을 평가하도록 한다.

LPC 점수가 낮은 리더는 과업 지향적 리더로 분류되며, 가장 싫어하는 동료를 부정적으로 평가하는 경향이 강하다. 이들은 목표 달성과 성과를 우선시하고, 규칙과 절차를 중시한다. 따라서 상황 선호도가 매우 나쁘거나 매우 좋을 때 효과적이다. 관계 지향적 리더는 LPC 점수가 높은 리더로, 가장 싫어하는 동료에게도 긍정적으로 평가하는 경향이 있다. 이들은 팀워크와 인간관계를 중요하게 여긴다. 따라서 상황 선호도가 중간 정도일 때 가장 효과적이다.

이처럼 상황에 따라 LPC 점수가 낮은 리더와 높은 리더가 각각 효과적일 수 있으므로 리더의 특성에 맞추어 리더-구성원 관계, 과업 구조, 지위 권력과 같은 상황 요인을 적절히 조정해야 한다.

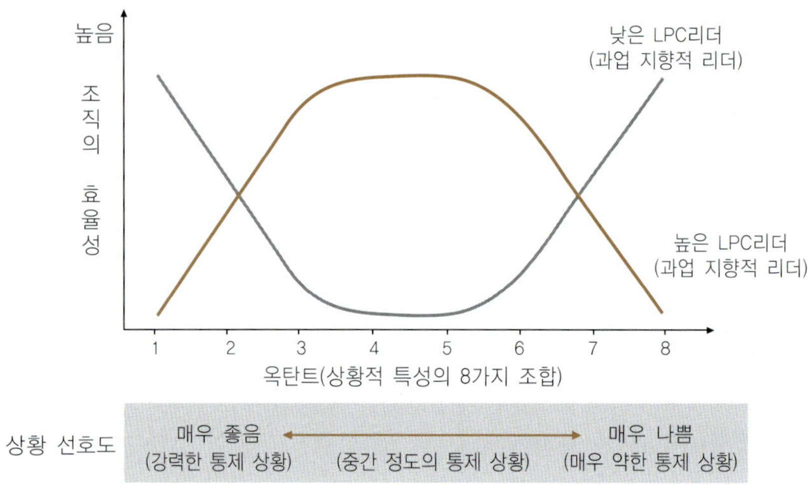

그림 8-3 피들러의 리더십 유형과 상황의 접목

(2) 허시와 블랜차드의 상황적 리더십 이론

허시와 블랜차드(Hersey & Blanchard)의 상황적 리더십 이론(situational leadership theory)은 과업행동(task behavior)과 관계행동(relationship behavior)으로 리더십을 설명한다. 과업행동은 리더가 개인이나 조직의 임무와 책임을 명확히 하면서, 무엇을, 어떻게, 언제, 어디서, 누가 수행할 것인지에 대해 지시하는 행동을 말한다. 반면 관계행동은 리더가 경청, 지원, 격려 등을 통해 양방향 또는 다중 의사소통에 참여하는 행동을 의미한다.

이 이론은 과업행동과 관계행동의 개념에 효과성을 도입하여, 주어진 상황에서 적절한 리더십은 효과적(effective)인 것으로, 부적합할 때는 비효과적(ineffective)인 것으로 규정한다. 효과성은 리더의 행동 자체보다 그 행동이 상황에 얼마나 부합하는가에 의해 결정되므로, 상황이 변하면 리더의 행동도 달라져야 한다. 상황은 여러 조직 변인에 따라 달라질 수 있지만, 이 이론에서는 특히 구성원의 성숙 수준을 핵심 상황 요인으로 설정하고, 이에 따라 리더십을 지시적(telling), 지원적(selling), 참가적(participating), 위양적(delegating) 네 가지 유형으로 분류하였다(표 8-6).

표 8-6 허시와 블랜차드의 상황적 리더십 이론에 따른 리더십 유형

리더십 유형	내용
지시적 (S1)	• 구성원들의 성숙 수준은 낮음(R1) • 리더가 과업을 구체적으로 지시
지원적 (S2)	• 구성원들이 의지와 어느 정도의 자신감은 있으나 능력이 부족함(R2) • 리더가 지시를 하기도 하지만 설득과 설명을 통해 참여를 유도
참가적 (S3)	• 구성원들이 능력은 갖추었으나 의지가 낮은 단계(R3) • 리더가 의사결정 과정에 구성원을 적극 참여시키고, 지시보다 지원과 격려에 중점을 둠
위양적 (S4)	• 구성원들은 능력과 의지 차원에서 완전히 성숙한 단계(R4) • 리더가 권한과 책임을 구성원에게 위임하고 최소한의 지시만 함

리더십의 유형은 구성원과 상황의 요구에 따라 유연하게 변화할 수 있어야 한다. 효과적인 리더는 구성원이 성장하거나 상황이 달라질 때, 이에 맞추어 자신의 리더십 유형을 조정할 수 있는 사람이다. 단체급식에 대한 경험이 없는 신입 조리원을 지도해야 하는 상황에서는 직접적이고 구체적으로 지시하는 지시적 리더십이 효과적이다. 그러나 해당 조리원이 업무에 익숙해진 이후에는 참가적이나 위양적인 리더십을 발휘하는 것이 바람직하다.

4 변혁적 리더십과 섬김의 리더십

리더십에 관한 연구는 지속적으로 이루어지고 있으며, 최근에는 조직의 혁신, 구성원 중심의 지원, 집단적 협력을 중시하는 변혁적 리더십과 섬김의 리더십 등 현대적 리더십 이론이 제시되면서 리더십 연구의 범위가 한층 확장되고 있다.

1) 변혁적 리더십(transformational leadership)

변혁적 리더십은 버나드 배스(Bernard Bass)가 처음으로 개념화한 것으로, 리더가 구성원과 함께 모두의 동기 수준과 도덕적 수준을 동시에 향상시키는 리더십을 의미한다. 변혁적 리더는 구성원의 신뢰와 존경을 받는 카리스마를 지니고, 구성원을 지적으로 자극하여 그들의 성장과 발전에 관여한다. 이에 따라 구성원들은 업무의 중요성에 대한 인식이 높아지고 수행 능력이 향상된다. 또한 개인의 성장과 성취에 대한 욕구를 인식하게 되며, 개인적 이익보다 조직의 목표 달성에 헌신하도록 동기부여 된다. 변혁적 리더십은 단순히 성과를 높이는 데 그치지 않고, 구성원의 내적 동기와 조직문화를 함께 변화시킨다는 점에서 의의가 있다.

변혁적 리더십의 핵심 요인은 이상적 영향력(idealized influence), 영감적 동기부여(inspirational motivation), 지적 자극(intellectual stimulation), 개별적 배려(individualized consideration) 등이 있다(표 8-7).

표 8-7 변혁적 리더십의 핵심 요인

요인	내용
이상적 영향력	• 리더는 카리스마적 리더십을 발휘하여 구성원에게 본보기가 되며, 모범적 행동과 도덕적 품성을 통해 신뢰와 존경을 얻음
영감적 동기부여	• 리더는 비전을 제시하고 열정적으로 소통하여 구성원의 사기를 높이며, 공동 목표 달성을 위해 헌신하도록 고무함
지적 자극	• 리더는 혁신을 장려하고 새로운 관점과 문제해결 방식을 제시하며, 구성원들이 창의적으로 사고하도록 자극함
개별적 배려	• 리더는 구성원의 개인적 욕구와 성장 가능성을 존중하고, 멘토나 코치로서 역할을 수행하며, 또한 개인의 성취와 발전을 지원함으로써 조직 전체의 성과를 향상시킴

변혁적 리더십은 거래적 리더십(transactional leadership)과 자주 비교된다. 거래적 리더는 구성원에게 규칙과 업무에서 요구하는 조건을 명확히 제시하고, 보상과 처벌을 적절히 활용하여 구성원을 관리한다. 이 리더십은 상황적 보상(contingent reward)과 예외적 관리(management by exception)를 핵심 요인으로 한다. 상황적 보상은 리더가 구성원들에게 원하는 보상을 얻기 위한 구체적인 방법을 명확히 알려주는 것을 의미한다. 반면 예외적 관리는 리더가 구성원이 임무를 수행하는 과정에 직접 개입하지 않고, 예외적 문제가 발생했을 때에만 개입하여 이를 시정하는 관리 방식을 말한다.

변혁적 리더십과 거래적 리더십은 대립적인 개념이 아니라, 상황에 따라 상호 보완적으로 작용할 수 있다.

2) 섬김의 리더십(servant leadership)

섬김의 리더십은 그린리프(Greenleaf)가 제시한 개념으로, 리더를 하인(servant)의 개념에 비유하여 설명한다. 이는 다른 사람의 욕구를 충족시키고, 신체적·정서적으로 성장을 돕는 섬기는 리더의 모습을 강조한다. 섬김의 리더는 구성원의 의견에 귀 기울이며, 신뢰와 협력을 바탕으로 그들이 잠재력을 발휘하도록 이끈다. 또한 자신의 이익보다 타인에 대한 봉사를 우선시하며, 구성원이 내적 강점을 발휘할 수 있도록 돕는다.

스피어스(Spears)는 경청, 공감, 치유, 자각, 설득, 개념화, 통찰력, 책무성, 타인의 성장에 대한 헌신, 공동체 형성을 섬김의 리더십의 열 가지 핵심 특성으로 제안하였다(표 8-8).

표 8-8 섬김의 리더십 핵심 특성

특성	내용
경청	• 리더는 구성원의 의견과 감정을 주의 깊게 듣고 존중함
공감	• 구성원의 입장을 이해하고 그들의 감정을 수용함
치유	• 구성원의 상처와 어려움을 보듬어 회복을 도움
자각	• 자기 자신과 조직, 사회에 대한 이해와 통찰을 높임
설득	• 권위적 명령이 아니라 설득과 합의를 통해 리더십을 발휘함
개념화	• 단기적 문제해결을 넘어 장기적 비전과 큰 그림을 제시함
통찰력	• 과거와 현재를 바탕으로 미래를 예측하고 대비함
책무성	• 리더는 권력을 소유하는 자가 아니라 책임 있게 관리하는 자로서 역할을 수행함
타인의 성장에 대한 헌신	• 구성원의 개인적·전문적 성장을 적극 지원함
공동체 형성	• 조직 내에서 협력적이고 연대적인 공동체 문화를 조성함

Chapter 09

의사결정 및 의사소통

급식운영에서 목표를 효과적으로 달성하기 위해서는 적절한 의사결정과 원활한 의사소통이 필수적이다. 조직이 당면한 문제들을 어떻게 결정하고 해결하느냐에 따라 성과와 효율성이 달라지므로, 의사결정은 경영 활동의 핵심 기능 중 하나라 할 수 있다.

또한 의사소통은 조직 내 정보를 공유하고 상호 이해를 형성하는 과정으로, 구성원 간의 협력과 조정을 가능하게 한다는 점에서 중요한 의미를 가진다. 따라서 의사결정과 의사소통은 조직관리에서 서로 보완적인 관계를 이루며, 원활한 의사소통은 곧 효율적이고 합리적인 의사결정을 가능하게 한다.

학습목적

유능한 급식경영자가 되기 위해서는 신속하고 정확한 의사결정과 효과적인 의사소통 능력이 요구된다. 본 장에서는 조직의 균형을 유지하기 위해 필수적인 의사결정과 의사소통에 대해 살펴보고자 한다.

학습목표

1. 의사결정의 유형에 대해 설명한다.
2. 의사결정 과정을 설명한다.
3. 집단 의사결정 방법을 설명한다.
4. 의사소통 과정에 대해 설명한다.
5. 의사소통 유형에 대해 설명한다.

1 의사결정

의사결정(decision making)이란 조직의 목표를 효과적으로 달성하기 위해 여러 개의 대안 중 가장 효율적이고 실행 가능한 대안을 선택하는 과정을 의미한다. 즉 조직을 경영하는 데 있어서 발생하는 문제의 정의, 선택 가능한 대안 모색 및 분석, 대안의 선택을 포함한다.

1) 의사결정의 유형

(1) 관리계층에 따른 의사결정

관리계층에 따른 의사결정은 상위 경영층의 전략적 의사결정, 중간 관리층의 관리적 의사결정, 그리고 하급 관리층(실무 관리층)에서 이루어지는 업무적 의사결정으로 분류할 수 있다.

① 전략적 의사결정

전략적 의사결정(strategic decisions)은 기업과 외부 환경과의 관계에 관한 것으로, 기업의 장기목표 설정, 신제품 개발 계획, 새로운 환경 변화에 대한 대책 수립 등이 이에 해당된다.

② 관리적 의사결정

관리적 의사결정(administrative decisions)은 전략적 의사결정을 구체적으로 실현하기 위한 결정으로, 인적자원과 물적자원을 조직화하는 것이 이에 해당된다.

③ 업무적 의사결정

업무적 의사결정(operational decisions)은 일상적으로 이루어지는 업무의 능률과 수익성을 높이기 위한 결정으로, 예산 배분, 생산 일정의 계획 수립, 업적의 평가와 통제, 생산량과 재고 수준 결정 등이 이에 해당된다.

(2) 정형적 및 비정형적 의사결정

① 정형적 의사결정

정형적 의사결정(programmed decisions)은 프로그램화된 의사결정이라고도 하며, 조직 내에서는 이미 만들어져 있는 정책이나 과정에 따라 의사결정이 내려진다. 조직의 기본적인 운영상의 의사결정 및 일상적인 절차에 따른 결정 등이 이에 해당되며 주로 조직의 실무 관리층에서 이루어진다. 대부분 즉각적인 해결이 필요하거나 구체적인 문제, 일상적으로 반복되는 정량적인 문제에 관한 것이기 때문에 의사결정에 걸리는 시간이 짧다.

② 비정형적 의사결정

비정형적 의사결정(unprogrammed decisions)은 비프로그램화된 의사결정이라고도 한다. 이는 비일상적인 내용으로 전례가 없는 특수성을 가지고 있어서 직관과 판단에 의존하게 된다. 또한 정형적 의사결정에 비해 비구조화되어 있고 문제해결을 위한 표준 절차나 규칙이 없기 때문에 판단에 의해 의사결정이 이루어진다. 따라서 의사결정에 많은 시간이 소요된다. 의사결정자에게는 관련 문제에 관한 높은 지식, 경험, 통찰력 등이 요구되며 주로 상위 경영층에서 이루어진다.

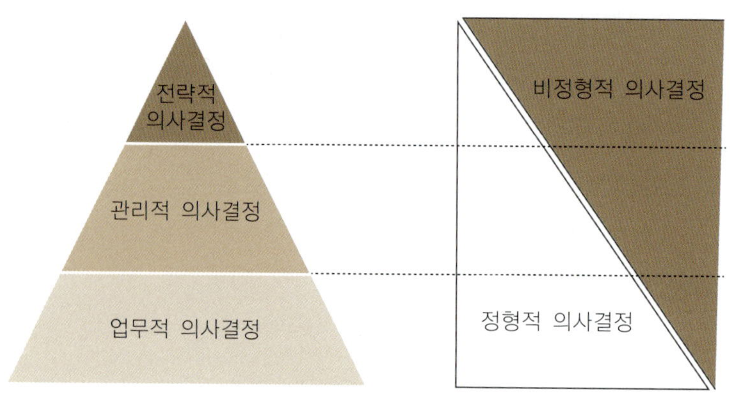

그림 9-1 관리계층에 따른 의사결정 유형

2) 의사결정 과정

과거에는 주로 경험을 바탕으로 결정하는 직관적 의사결정을 하였으며, 이는 빠른 시간 내에 결정을 해야 할 때와 현재의 문제 상황이 과거와 비슷한 경우 정확도가 높은 장점이 있다. 그러나 경험이 부족한 경우에는 잘못된 판단으로 적절하지 못한 의사결정을 할 수도 있다. 이러한 문제를 해결하기 위해 과학적 접근방법에 의해 문제를 분석하여 결정하는 과학적 의사결정을 하게 되었다.

의사결정은 문제해결 과정 중 일부에 해당된다. 문제해결은 문제의 발견과 확인 → 대안적 해결책 개발 → 해결 대안의 평가 및 최적안 선택 → 선택한 대안 실행 → 결과의 평가 및 피드백의 다섯 단계로 진행된다. 이 중에서 문제점을 발견하고 대안적 해결책을 개발하여 최적안을 선택하는 과정이 바로 의사결정에 해당된다(그림 9-2).

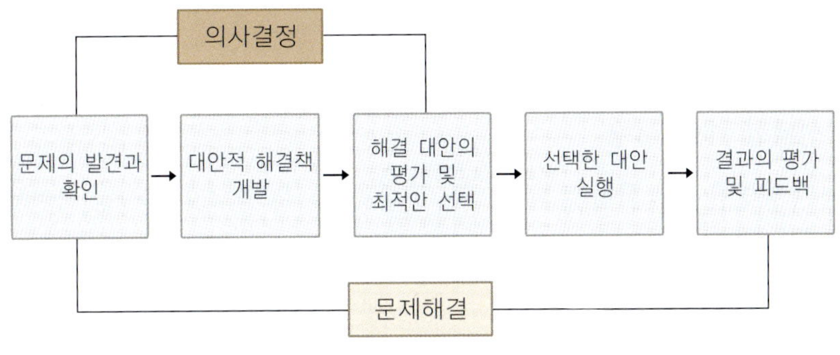

그림 9-2 의사결정의 과정

(1) 문제의 발견과 확인

문제의 속성을 확인하고 원인을 파악하는 단계이다. 조직 내에서의 문제가 발생하는 경우는 일반적으로 성과가 설정된 목표에 미달했거나, 반대로 현재 성과 수준이 기존 목표를 초과할 가능성이 있는 상황에서 나타난다. 이러한 문제를 정확히 진단하기 위해서는 조직의 내·외부 환경에 대한 정보를 폭넓게 수집하고, 이를 바탕으로 문제의 성격과 원인을 체계적으로 분석해야 한다.

(2) 대안적 해결책 개발

문제해결을 위한 다양한 대안을 도출하고, 각 대안에 대한 장단점을 파악하는 단계이다. 특히 중요한 결정일수록 대안 선택에 더욱 신중을 기해야 한다. 이 단계에서 각 대안들은 개별적으로 평가되지 않고 목록화하여 정리한다.

(3) 해결 대안의 평가 및 최적안 선택

최적의 대안을 선택할 때는 각 대안이 초래할 수 있는 결과와 조직에 미치는 영향을 고려해야 한다. 의사결정자는 조직이 처한 상황을 종합적으로 판단한 후 대안의 평가 과정을 거쳐 가장 바람직한 대안을 선택해야 한다. 만약 최적 대안이 분명하지 않은 경우에는 실행 가능성, 효과성, 조직에 미치는 비용 및 부담 등 다양한 기준을 종합적으로 고려하여 성공 확률이 가장 높은 대안을 선택할 수 있다.

(4) 선택한 대안 실행

선택된 대안을 현실화하는 과정으로 이 단계에서는 불필요한 시간 지연을 피하고 신속하게 대안을 실행하는 것이 중요하다. 아무리 좋은 대안을 선택했다 하더라도 실행 단계에서 문제가 발생하면 좋지 못한 결과를 초래하므로 성공적인 실행을 위한 구성원들의 참여가 요구된다. 이를 위해 관리자들은 리더십을 발휘하여 종업원들에게 동기를 부여하고, 자발적인 실행을 유도해야 한다.

(5) 결과의 평가 및 피드백

대안 실행 후 효과를 평가하는 단계로 의사결정의 마지막 단계이다. 의사결정의 첫 단계에서 확인되었던 문제가 처음의 상황보다 개선되었는지 여부를 평가한다. 만약 문제해결에 실패했다고 판단되면 의사결정 과정을 다시 검토한 후 실패의 이유에 대한 원인을 찾아내어 다시 해결한다.

3) 상황에 따른 의사결정

(1) 확실성의 상황

확실성 상황(conditions of certainty)에서의 의사결정자는 결과를 확신할 수 있을 만큼 많은 정보를 가지고 있다. 따라서 여러 가지 대안 중 하나를 선택했을 때 어떤 결과가 나타날지를 사전에 정확히 예측하거나 측정할 수 있기 때문에 의사결정의 위험 요소가 최소화된다.

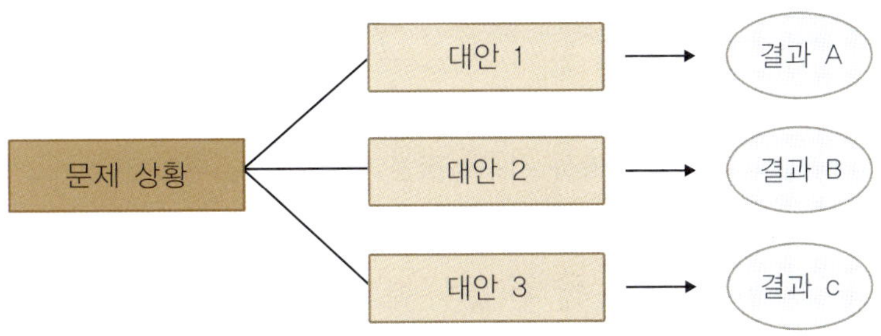

그림 9-3 확실성 상황에서의 의사결정

(2) 불확실성의 상황

미래 사건의 발생 여부나 대안 선택에 따른 결과를 예측할 수 없는 경우를 불확실성 상황(conditions of uncertainty)이라고 할 수 있다. 확실성이 높을수록 사건이 발생할 가능성을 보다 정확히 예측할 수 있지만, 불확실성의 상황에서는 예측이 매우 어렵다. 이러한 상황에서 의사결정자는 경험과 판단, 그리고 선택의 범위를 좁혀주는 직관이 필요하다. 또한 불확실성을 줄일 수 있는 다양한 정보를 투입하거나, 관련 지식이 풍부한 전문가를 의사결정 과정에 참여시키는 것도 효과적이다. 불확실성의 상황에서 의사결정을 해야 할 경우, 표 9-1과 같은 접근 방법이 활용될 수 있다.

표 9-1 불확실성 상황에서의 의사결정 방법

구분	설명
낙관적 선택	예측 가능한 결과 중 가장 바람직한 결과를 가져올 수 있는 대안을 선택
비관적 선택	각 대안의 최악의 결과와 비교하여 그중 가장 손실이 적은 대안을 선택
위험을 피하는 선택	가능한 결과들의 예측치 간 편차가 가장 작은 대안을 선택

(3) 위험의 상황

위험의 상황(conditions of risk)은 미래에 발생할 수 있는 사건의 가능성이나 확률을 예측할 수 있는 상황에서 이루어지는 의사결정을 의미한다. 이 경우 다양한 확률 기법이 활용될 수 있으며, 의사결정자는 자신의 경험과 이용 가능한 정보에 근거하여 합리적인 결정을 할 수 있다. 예를 들어, 대학교 급식 식수에 영향을 주는 다양한 요인 중 날씨를 들 수 있다. 급식 생산량을 예측해야 하는 의사결정자는 기상예보를 통해서 비가 올 확률에 대한 정보를 활용할 수 있다. 또한 과거의 기록을 바탕으로 평일 점심시간에 비가 내렸을 때의 급식 인원 등을 예측할 수도 있다.

(4) 상충하는 상황

상충하는 상황(conditions of conflict)이란 다수의 의사결정자가 동시에 존재하며 서로 경쟁적인 관계에 놓여 있는 경우를 의미한다. 신제품 개발 전략, 시장개발 전략, 광고 전략과 같이 기업 또는 조직 간 경쟁이 수반되는 의사결정 상황이 이에 해당한다.

4) 집단 의사결정

급식경영자는 보유한 정보를 바탕으로 개인적 의사결정을 내릴 수 있다. 그러나 조직이 확대되고 업무가 복잡해질수록 개인의 역량만으로는 한계가 발생한다. 따라서 이러한 한계를 보완하기 위해 집단 의사결정(group decision making)의 중요성이 더욱 강조되고 있다. 급식경영자는 의사결정을 위해 많은 정보가 필요하거나 다른 사람의 의견을 반영할 필요가 있을 때 집단 의사결정을 활용할 수 있다.

집단 의사결정은 둘 이상의 조직에 영향을 미치는 사안을 다룰 때에도 활용될 수 있다. 이러한 경우 여러 조직에서 해당 결정을 수용하고 실행해야 하므로, 의사결정에 영향을 받는 집단을 참여시킴으로써 합의 형성과 실행 가능성을 높일 수 있다. 집단 의사결정의 장점과 단점은 표 9-2와 같다.

표 9-2 집단 의사결정의 장점과 단점

구분	내용
장점	• 많은 정보와 지식을 얻을 수 있음 • 집단은 개인보다 더 많은 대안을 생각해 낼 수 있음 • 같이 일하는 집단 또는 부서의 종사원이 결정에 대해 소통할 수 있음
단점	• 사실이나 대안에 대한 토의가 충분하게 이루어지지 못함 • 집단 안에 존재하는 규범, 구성원의 역할, 소통 방식, 응집성 등은 집단 토의를 방해하는 요인이 되며, 결정이 비효율적으로 이루어지게 함 • 시간과 비용이 많이 필요 • 한 사람이 집단을 이끌 수도 있음 • '집단 사고'와 '위험 이동'이 일어나기도 함

(1) 델파이기법

델파이기법(Delphi technique)은 집단 토론을 거치지 않고 전문가들로부터 전문적인 견해를 수집하는 방법이다. 직접 대면접촉 없이도 전문가 집단의 의견을 모을 수 있다는 장점이 있으며, 산재되어 있는 특정 주제에 대한 다양한 견해를 체계적으로 정리하여 최종적인 판단을 이끌어내는 데 유용하다. 익명성이 보장되므로 응답자의 부담은 적지만 설문지의 발송과 회신, 자료의 분석 및 정리 과정에 많은 시간이 필요한 한계가 있다. 그럼에도 불구하고 애매하거나 복잡한 문제 상황에서 전문가의 의견을 수집할 수 있는 효과적인 기법으로 알려져 있다. 델파이기법의 절차는 그림 9-4와 같다.

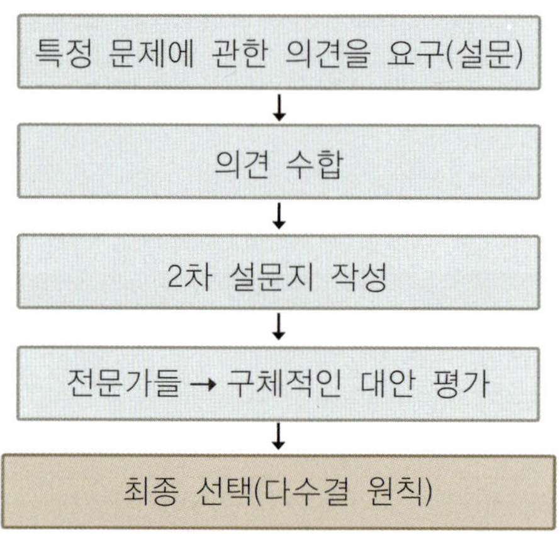

그림 9-4 델파이기법의 절차

(2) 명목집단법

명목집단법(nominal group technique)이란 회의에 참석한 구성원들이 각자 제출한 의견을 바탕으로 토론을 진행한 후, 이를 종합하여 최종안을 선택하는 기법을 의미한다. 이는 창의적이고 혁신적인 대안이나 아이디어를 도출하기 위해 고안된 구조화된 의사결정 방법이다. 명목집단법의 절차는 다음과 같다. 먼저 구성원들이 서로 어떠한 토의도 하지 않은 상태에서 각자의 아이디어를 5-15분 내에 기록하여 제출하도록 한다. 이후 지정된 진행자가 제출된 아이디어를 칠판이나 차트에 익명으로 기록한다. 제출된 아이디어에 대한 장점과 타당성에 대해 토론한 후, 투표를 통해 가장 높은 점수를 얻은 아이디어를 최종적으로 선택한다.

(3) 브레인스토밍

브레인스토밍(brain storming)은 10명 이내로 구성된 집단이 리더가 제시하는 구체적인 문제해결을 위해 탁자에 둘러앉아 자유롭게 아이디어를 제출하는 방법이다. 이 기법은 집단 구성원들이 문제해결을 위해 머리에 떠오르는 아이디어를 즉흥적으로 제안하도록 유도함으로써 창의적이고 다양한 대안을 도출하는 데 활용된다.

(4) 포커스 집단

포커스 집단(focus groups)은 주로 질적 마케팅 조사에 사용되는 기법으로, 10–20명의 주요 고객을 대상으로 하여 2시간 동안 모임을 진행하여 특정 문제점에 대해 토론한 후에 의견을 제시하도록 하는 방법이다. 외식업체의 경우, 메뉴의 판매 부진 해결 및 신메뉴 도입 과정에서 포커스 집단의 의견을 반영하기도 한다.

2 의사소통

의사소통(communication)은 조직의 목적 달성을 위해 구성원 간의 의견을 조정하고, 이들이 효과적으로 협력할 수 있도록 하는 중요한 역할을 한다. 급식경영자는 조직의 비전과 목표를 전달하기 위해 모든 구성원과 원활히 소통해야 한다. 의사소통 과정이 적절하지 않을 경우, 종사원의 업무 만족도가 저하되고 고객 불만족으로 이어질 수 있다. 따라서 급식경영자는 의사소통의 기초 원리를 충분히 이해하고, 이를 상황에 맞게 효과적으로 활용할 수 있어야 한다.

1) 의사소통 과정

(1) 의사소통 경로

의사소통이란 발신자로부터 수신자에게 정보가 전달되는 과정이다. 의사소통 경로의 핵심 요소는 발신자(sender), 메시지 전달 채널(channel), 그리고 수신자(receiver)이며, 이는 모든 의사소통의 유형에 공통적으로 포함된다. 또한 효과적인 의사소통을 위해서는 전달 과정에서 발생할 수 있는 소음(noise)과 의사소통을 촉진시켜 주는 피드백(feedback)에도 주의를 기울여야 한다.

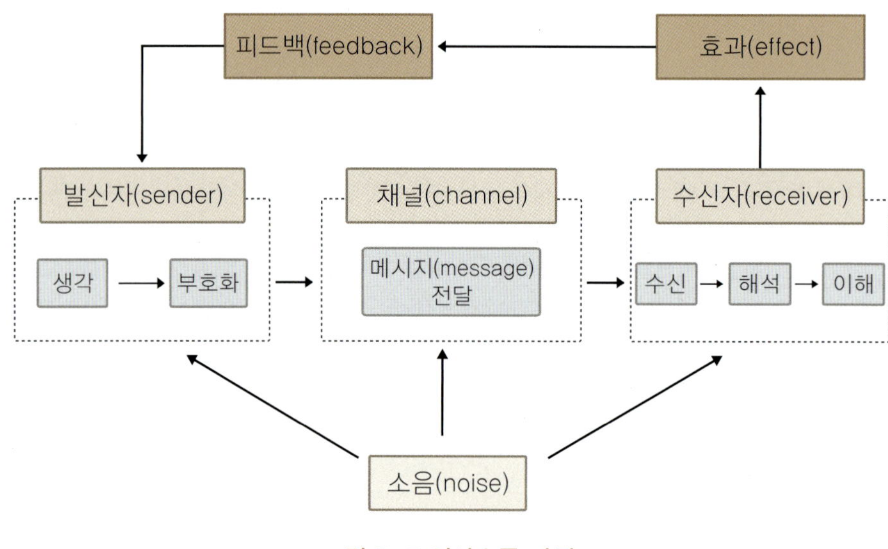

그림 9-5 의사소통 과정

① 발신자(sender)

생각이나 아이디어를 메시지로 전환하는 역할은 의사소통에서 발신자로부터 시작된다. 발신자는 메시지를 명확하게 구성하고 효율적으로 전달할 수 있는 능력을 갖추어야 한다. 또한 수신자에게 신뢰를 주어야 한다. 문서를 통한 의사소통에서는 수신자가 쉽게 이해할 수 있도록 간결한 문장과 알맞은 어휘를 사용해야 하며, 구두 의사소통에서는 발음과 음성의 크기를 적절히 조절하여 전달 효과를 높여야 한다.

② 수신자(receiver)

발신자로부터 메시지를 받는 사람이다. 효과적인 의사소통은 수신자가 적극적으로 경청하고 적절한 피드백 능력이 있을 때 가능하다. 그러나 수신자가 받은 메시지가 자신의 생각과 다르거나 기대와 어긋나는 경우, 무시하거나 수용하지 않을 수 있으므로 주의가 필요하다.

③ 부호화(encoding)

메시지 부호화는 발신자가 수신자에게 전달하기 위해 메시지를 형성하는 과정을 말한다.

④ 메시지(message)

메시지는 발신자로부터 수신자에게 전달되는 의사소통 내용이다. 메시지는 언어적 부호나 비언어적 부호 등이 될 수 있다.

표 9-3 의사소통 메시지

언어	비언어	준언어
• 문서, 구두	• 얼굴 표정, 눈 접촉, 몸짓, 공간과 거리, 이미지 등	• 말의 음색이나 억양

⑤ 채널(channel)

채널은 발신자로부터 수신자에게 메시지를 전달하는 통로를 의미하며, 의사소통 경로라고도 한다. 채널은 공식적 채널과 비공식적 채널로 구분되며, 상황에 따라서 보고서, 회의, 편지, 메모, 전화, 이메일, SNS 등 적절한 수단을 선택해야 한다. COVID-19의 영향으로 전통적인 면대면(face-to-face) 의사소통을 대체하는 방식으로 비대면(untact) 방식의 화상회의 채널이 급부상하였다.

⑥ 해석(decoding)

메시지 해석은 수신자가 발신자가 보낸 메시지를 해석하여 의미를 이해하는 과정을 말한다.

⑦ 효과(effect)

의사소통의 효과는 메시지 전달의 결과로 나타나는 수신자의 변화를 의미한다. 이러한 변화는 지식의 습득, 태도의 형성, 그리고 행동의 수정이나 실행 순으로 나타난다.

⑧ 피드백(feedback)

피드백은 발신자의 메시지에 대한 수신자의 반응으로, 발신자가 자신의 의도가 제대로 전달되었는지를 파악하는 중요한 단서가 된다. 긍정적 피드백은 의도된 메시지 효과가 실현되었음을 의미하며, 부정적 피드백은 그 효과가 충분히 달성되지 못했음을 의미한다.

⑨ 소음(noise)

의사소통은 소음의 영향을 받는다. 여기서 소음이란 발신자, 전달 과정, 수신자와 관련하여 메시지의 정확한 전달을 방해하는 요인을 말한다. 예를 들어, 수신자가 메시지를 들을 때 주의를 기울이지 않는 것도 일종의 소음으로 볼 수 있다.

(2) 의사소통의 원칙

의사소통의 내용이 발신자의 의도대로 수신자에게 전해지려면 몇 가지 기본 원칙을 따라야 한다.

① 명확성(clarity)의 원칙

수신자가 내용을 쉽게 이해할 수 있도록 간결한 문장과 쉬운 언어를 사용해야 한다.

② 일관성(consistency)의 원칙

의사소통에서 메시지는 처음부터 끝까지 일관성을 유지해야 한다.

③ 적시성(timeliness)의 원칙

효과적인 의사소통은 적절한 시기를 선택할 때 가능하다.

④ 적정성(adequacy)의 원칙

전달 내용은 과도하지도 부족하지도 않고 적절한 분량이어야 한다.

⑤ 분배성(distribution)의 원칙

조직 내 의사소통은 상위에서 하위까지 필요한 모든 구성원에게 정확히 전해져야 한다.

⑥ 적응성(adaptability)의 원칙

메시지는 수신자가 상황에 따라 알맞은 행동을 취할 수 있도록 융통성을 가져야 한다.

⑦ 수용성(acceptability)의 원칙

수신자는 전달된 내용의 타당성을 인정하고 이에 적극적으로 반응해야 한다.

2) 의사소통의 유형

(1) 공식적 의사소통

조직 내에서 효과적인 소통이란 구성원들 간에 정보를 정확하고 명확하게 전달하는 것을 의미한다. 이를 위해 급식경영자는 하향식, 상향식, 수평적, 대각선적 의사소통의 네 가지 방향을 모두 활용할 필요가 있다.

① 하향식 의사소통

하향식 의사소통(downward communication)은 조직의 권한 계층을 따라 상위 부문에서 하위 부문으로 전달되는 의사소통을 의미한다. 하향식 의사소통의 주요 방법에는 업무지침 전달, 공문 발송, 정책 설명 등이 있다. 이외에도 표 9-4에서 제시된 다양한 경로들이 존재한다.

표 9-4 하향식 의사소통의 예

구분	예
서면 소통	전단지, 이메일, 핸드북, 편지, 메모, 뉴스레터, 통지, 팸플릿, 정책과 절차, 보고서, 서면 지시 등
구두 소통	확성기 알림, 타운홀 미팅, 구두 지시, 구두 명령, 구두 발표 등

② 상향식 의사소통

상향식 의사소통(upward communication)은 조직의 하위 부문에서 상위 부문으로 메시지가 전달되는 의사소통을 말하며 업무 보고, 건의, 제안제도 등이 있다. 조직의 환경이 민주적이고 참여적일수록 상향식 의사소통이 활발하게 이루어진다. 상향식 의사소통을 촉진하기 위해 건의함, 그룹 미팅, 고충처리제도 등의 방법을 활용할 수 있다(표 9-5).

표 9-5 상향식 의사소통의 예

구분	예
서면 소통	건의함, 설문지 등
구두 소통	이직 면접, 진정 절차, 그룹 미팅, 고충처리제도, 터놓고 말하기 등

③ 수평적 의사소통

수평적 의사소통(horizontal communication)은 조직 내에서 부서 간 또는 동일 부서 내의 부문 간 의사소통을 증진하기 위해 이루어진다. 이는 협력과 업무 조정, 문제해결에 도움이 되며, 예를 들어 병원에서는 간호 부서와 영양 부서 간의 의사소통, 급식소에서는 조리 부서와 배식 부서 간의 의사소통이 이에 해당한다.

④ 대각선 의사소통

대각선 의사소통(diagonal communication)은 조직 내에서 다른 부문의 상위자와 하위자 간에 직접적으로 이루어지는 의사소통을 말한다. 예를 들어 생산 부서에서 필요한 물품을 구매할 때 부서 관리자를 거치지 않고 직접 구매 담당 직원에게 청구하는 경우가 여기에 해당한다.

(2) 비공식적 의사소통

비공식적 의사소통(informal communication)은 조직 내에서 자연스럽게 형성된 모임을 통해 이루어지는 의사소통을 말한다. 예를 들어, 향우회, 취미 동호회, 동아리 활동 등이 이에 해당한다. 조직의 구성원들은 이를 통해 자신의 감정과 생각을 자연스럽게 표현할 수 있으며, 조직 내 정보와 의견 교환의 많은 부분이 비공식적 의사소통을 통해 이루어지므로 그 중요성은 매우 크다.

① 그레이프바인

그레이프바인(grapevine)은 의사소통의 경로가 포도 넝쿨처럼 얽혀 있다는 의미에서 붙여진 이름이다. 이를 통해 조직 구성원들은 정보를 빠르게 얻고 동료들의 감정이나 생각을 파악할 수 있기 때문에, 비공식적 의사소통으로서 매우 중요한 역할을 한다. 그러나 그레이프바인을 통한 정보는 때때로 왜곡되거나 단순한 소문에 그치기도 한다. 따라서 관리자는 이를 무시하기보다는 필요한 정보를 파악하는 도구로 활용해야 한다. 또한 중심 인물을 관리하고 관련 정보를 신속히 확산시킴으로써 의사소통을 효과적으로 조절할 수 있다.

② 배회관리

배회관리(management by walking around, MBWA)란 관리자가 조직의 현장을 직접 돌아다니며 직원이나 고객과 대화를 나누면서 필요한 정보를 주고받는 것을 말한다. 이를 통해 조직 내 신뢰와 활력이 강화되고 문제해결이 신속해지지만, 형식적으로 실행할 경우 직원들이 불필요한 감시를 받는다고 오해할 수 있으므로 진정성 있는 접근이 요구된다.

3) 의사소통 기술

조직에서 의사소통은 상호 이해와 협력을 가능하게 하는 핵심 요소이다. 특히 협업이 중요한 급식 현장에서는 원활한 의사소통이 업무 효율성과 서비스의 질을 좌우한다. 의사소통 기술이란 메시지를 명확하게 전달하고, 상대방의 반응을 경청하며, 상황에 맞는 적절한 표현 방식을 선택하는 능력을 의미한다. 이러한 기술이 뒷받침될 때 구성원 간의 오해와 갈등이 최소화되고 신뢰와 협력을 증진시킬 수 있다.

(1) 의사소통의 장애 요인

의사소통 장애는 개인의 배경, 교육, 경험, 학식 등에서 나타나는 차이로 인해 발생한다. 또한 사람의 태도, 주장, 가치관의 차이는 의사소통 경로를 방해하거나 메시지를 왜곡시키는 원인이 될 수 있다. 이와 더불어 개개인이 가지고 있는 편견과 선입관은 발신자와 수신자가 동일한 주제를 다르게 인지하게 만들 수 있다. 개인 간의 의사소통에서 나타나는 장애 요인은 다음과 같다(표 9-6).

표 9-6 개인 간 의사소통의 장애 요인

장애 요인	내용
기대되는 메시지를 듣는 경우	같은 상황이 아님에도 불구하고 과거 경험은 특정 메시지를 듣고 기대하게 함
갈등되는 정보를 무시하는 경우	자신이 인식하고 있는 것과 일치하지 않는 메시지는 무시되는 경향이 있음
다른 인식을 가지고 있는 경우	단어, 행동, 상황을 자신의 가치와 경험을 바탕으로 해석하기 때문에, 같은 메시지라 하더라도 수신자마다 반응이 달라질 수 있음
자료의 평가	발신자의 지식을 의심하는 경우와 발신자가 지식인으로 간주되는 경우에 메시지의 해석은 달라질 수 있음
단어 해석의 차이점	단어는 여러 개의 의미를 가질 수 있기 때문에 해석의 차이가 발생함
비언어적 신호의 무시	목소리 음색, 얼굴 표정, 몸짓은 소통에 영향을 미치는데, 메시지를 전달할 때 발신자는 수신자가 정신이 없어서 듣지 못할 것이라 여기고 이를 무시할 수 있음
감정적으로 되는 것	감정은 메시지의 전달과 해석에 영향을 주는데, 수신자가 발신자를 적대적으로 인식했다면 방어적이거나 공격적으로 반응할 것이며 소통에 부정적으로 작용할 것임
문화적 차이	민족, 종교, 사회적 지위의 차이는 메시지를 이해하는 데 영향을 미칠 수 있음
언어적 문제	발신자와 수신자가 말하는 언어, 방언, 악센트의 차이 또는 발신자가 이해하기 어려운 단어를 사용하는 경우, 메시지에 대한 이해가 달라질 수 있음

(2) 의사소통의 개선 방안

원활한 의사소통을 위해 관리자는 의사소통 기술에 대한 훈련을 받아야 하며, 이를 통해 습득한 기술을 실제 상황에서 효과적으로 활용할 수 있어야 한다. 또한 바람직한 의사소통을 위해서는 대화의 목적을 미리 설정하고, 대화 전에 자신의 생각을 체계적으로 정리하여 명확하게 표현하는 것이 필요하다. 의사소통 개선을 위한 기술은 표 9-7과 같다.

표 9-7 의사소통 개선을 위한 기술

개선 기술	내용
피드백	피드백을 통해 발신자는 수신자의 말과 행동을 살펴볼 수 있으므로 의사소통을 더 효율적으로 할 수 있음
다양한 의사소통 채널	문서로 전달한 내용을 구두로 다시 설명하는 것처럼 다양한 의사소통 채널을 함께 활용하면 메시지를 더 명확하게 전달할 수 있음
대면 소통	직접 대면하는 소통이나 양방향 소통에서 피드백을 쉽게 이끌어낼 수 있음
수신자에 대한 민감성	수신자에게 세심한 관심을 기울이면, 그 사람의 상황을 고려하여 메시지를 전달할 수 있음
상징적 의미 파악	소통에서 신호의 의미를 올바르게 인식하는 것은 중요하기 때문에, 부정적인 의미로 받아들여질 수 있는 표현이나 상대방을 화나게 하는 단어를 피하는 것은 원활한 의사소통에 도움이 됨
메시지의 타이밍과 행동	말이 아닌 행동으로 의사를 표현하는 것도 소통을 향상시키는 방법이므로 메시지를 전달하는 시기와 행동이 말의 의미를 잘 보완하도록 고려해야 함
단순한 언어	직접적이고 단순한 언어를 사용하고, 어려운 전문용어를 피하는 것은 소통을 향상시키는 방법이며, 수신자의 지식 수준에 맞추어 메시지를 전달해야 함
반복	메시지를 적절히 반복하면 수신자의 이해를 도울 수 있으나 지나친 반복이나 남용은 오히려 수신자의 집중을 방해할 수 있음
경청	효과적인 소통의 기본은 주의 깊게 듣는 것이며, 메시지를 전달하는 과정에서 발생하는 소음은 경청의 방해 요인으로 작용함

PART IV

급식 마케팅과 서비스 품질관리

급식경영학

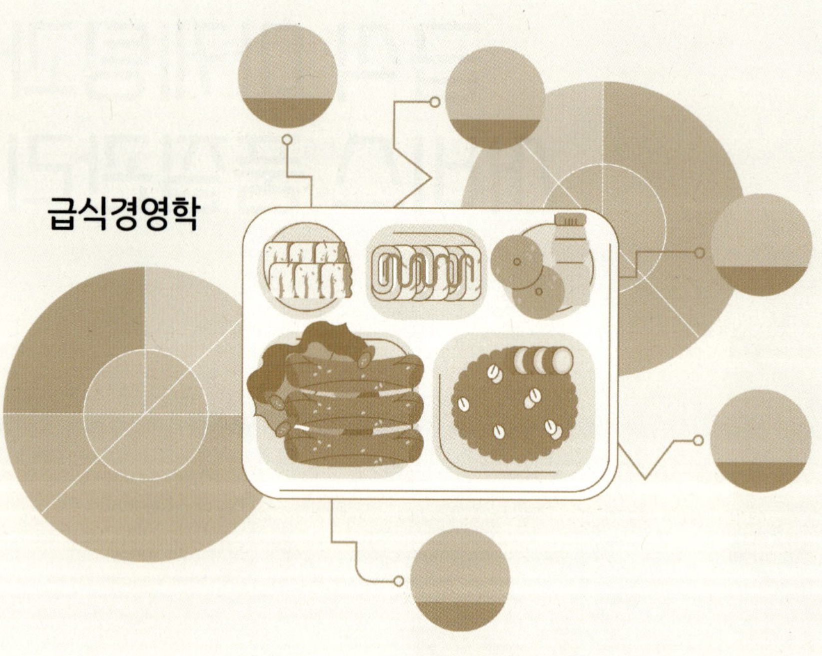

Chapter 10

마케팅 관리 기초

마케팅은 급식조직 시스템 모형에서 투입물(input)을 산출물(output)로 전환하는 과정에 포함되는 중요한 관리 기능이다. 과거에는 주로 제품 중심으로 마케팅이 정의되었으나, 오늘날 마케팅은 단순히 제품을 광고하거나 판매하는 것 이상의 의미를 지닌다. 특히 급식산업의 경쟁이 치열해짐에 따라 고객 만족의 중요성이 더욱 커지고 있으며, 이에 따라 마케팅은 소비자 중심적 관점에서 접근하는 것이 필수적이다.

학습목적

급식소를 방문하는 고객이 급식과 서비스에 대해 만족하게 하고 재방문하도록 유도하기 위한 마케팅 관리가 급식경영자의 핵심적인 관리 활동으로 중요하게 다루어지고 있다. 본 장에서는 급식소 마케팅 관리의 의의와 역할을 살펴보고, 마케팅 조사 방법과 함께 급식소 마케팅의 STP(시장 세분화, 시장 표적화, 포지셔닝) 전략에 대해 학습한다.

학습목표

1. 급식소 마케팅 관리의 특징에 대해 이해한다.
2. 마케팅 관리 개념 변화에 대해 설명한다.
3. 마케팅 관리 역할에 대해 설명한다.
4. 마케팅 조사에 대해 이해한다.
5. 마케팅 환경 분석에 대해 설명한다.
6. 소비자 행동 분석에 대해 설명한다.
7. 급식소 마케팅의 STP 전략에 대해 설명한다.

1 급식소 마케팅 관리의 의의와 역할

급식소 마케팅 관리란 급식소가 제공하는 식사와 서비스가 소비자의 필요와 선호에 부합하도록 기획하고 운영하는 과정을 의미한다. 급식소 마케팅 관리의 주요 역할은 소비자의 욕구를 반영한 메뉴 구성, 가격 책정, 서비스 품질, 홍보 활동 등을 체계적으로 관리하는 것에 있다. 더 나아가 급식소에 영향을 미치는 환경과 경쟁 요인을 분석하고, 이를 바탕으로 지속적인 개선과 혁신을 이루는 것 역시 핵심 과제이다.

1) 급식소 마케팅 관리의 특징

급식소 마케팅 관리란 급식소에서 제공하는 식사와 서비스가 소비자의 욕구와 기대에 적합하도록 기획·운영하는 전반적인 관리 활동을 의미한다. 단순히 음식을 제공하는 기능을 넘어, 고객 만족과 급식소 운영 성과를 동시에 추구하는 것이 그 의의이다.

과거의 급식소는 식수가 비교적 안정적이고 고객의 욕구도 현재만큼 다양하지 않았기 때문에, 단순히 음식을 생산하고 기본적인 서비스만을 제공하는 역할에 머물렀다. 그러나 오늘날에는 고객의 욕구가 다양해지고 급식소 간 경쟁이 심화되면서 고객 만족을 높이기 위한 마케팅 활동이 중요하게 부각되고 있다. 마케팅의 개념이 생산자 중심의 사고에서 고객 중심의 사고로 전환되면서, 생산 및 운영관리, 원가관리, 인적자원관리 기능들이 마케팅 활동을 효과적으로 지원하는 통합적 마케팅 시스템으로 발전하고 있다(그림 10-1).

급식소 마케팅 관리의 목표는 첫째, 소비자의 다양한 욕구를 충족시켜 만족도를 높이고, 둘째, 급식소의 효율적 운영과 성과를 달성하며, 셋째, 영양적 가치와 사회적 책임을 실현하는 데 있다.

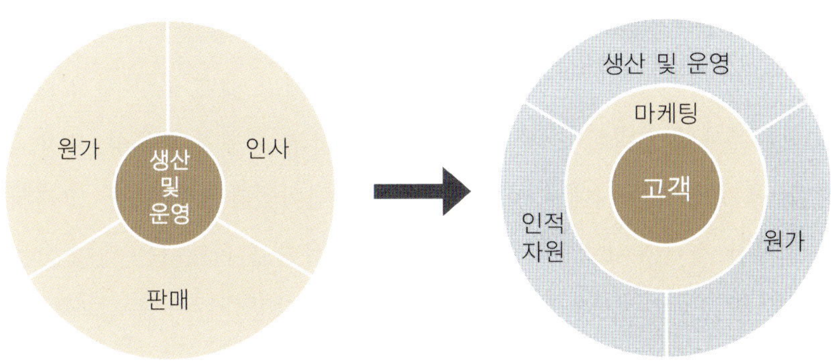

그림 10-1 마케팅 개념 도입 전과 후의 급식경영

2) 마케팅 관리 개념의 변화

마케팅 관리란 단순한 판매 활동을 넘어 고객과 제품에 대한 조직의 관점을 담아내는 경영 철학이다. 마케팅 관리 개념은 생산 지향적 개념, 제품 지향적 개념, 판매 지향적 개념, 마케팅 지향적 개념, 사회 지향적 개념의 다섯 가지로 분류된다(그림 10-2). 마케팅 관리 개념은 급식시장의 상황에 따라 단계적으로 변화하거나 공존할 수 있다. 따라서 급식경영자는 상황에 가장 적합한 마케팅 관리 개념을 선택하여 적용할 필요가 있다.

고객 지향적	개념	수요·공급	특징
↓	생산 지향적	수요>공급	모든 상품이 쉽게 팔림
	제품 지향적	수요<공급	최고의 품질 성능, 혁신적인 제품 선호
	판매 지향적	수요<공급	영업사원을 통한 판매 중요
	마케팅 지향적	수요<공급	더 큰 가치를 제공하는 제품 선호
	사회 지향적	수요<공급	사회 전체 이익에 기여하는 제품 선호

생산자 중심 ↕ 소비자 중심

그림 10-2 마케팅 관리 개념의 변화

(1) 생산 지향적 개념(production concept)

생산 지향적 마케팅 관리 개념은 소비자가 저렴하고 쉽게 구할 수 있는 제품을 선호한다는 전제에 기반한다. 따라서 기업은 생산과 유통의 효율성, 비용 절감을 중시하며, 초기 산업화 시대에 특히 효과적인 개념이었다. 이 개념은 고객의 욕구보다는 저렴한 가격의 대량 공급을 통해 시장 점유율을 확대하는 데 초점을 두는 것이 특징이다. 그러나 제품의 품질이나 소비자의 다양한 욕구를 간과할 수 있다는 한계가 지적된다.

단체급식의 경우, 과거 급식소에서는 메뉴의 다양성이나 고객의 개별적 기호보다 저렴한 가격으로 한 끼를 저렴하게 제공하는 데 중점을 둔 운영 방식이 이에 해당한다.

(2) 제품 지향적 개념(product concept)

제품 지향적 마케팅 관리 개념은 소비자가 기존 제품을 선호한다고 보고, 기업이 제품의 기술적 우수성과 기능 개선을 강조하는 데 초점을 둔다. 이 개념은 혁신과 품질 경쟁을 촉진한다는 장점이 있으나, 소비자가 실제로 원하는 편의성이나 가격 요인을 간과할 수 있는 한계가 있다.

단체급식의 경우, 외부 외식업체로 고객이 유출되는 것을 막기 위해 메뉴의 맛과 영양 균형을 강조하며, 유기농 식재료나 고급 원재료를 사용해 '품질 좋은 급식'을 표방하는 사례가 이에 해당한다. 그러나 이 경우 가격 부담이나 공급 효율성은 상대적으로 고려되지 않을 수 있다.

(3) 판매 지향적 개념(selling concept)

판매 지향적 마케팅 관리 개념은 소비자가 적극적인 판매와 홍보가 없으면 제품을 구매하지 않는다는 관점에 기반한다. 이에 따라 기업은 경쟁업체보다 더 많은 제품을 판매하기 위해 광고, 판촉, 세일즈 기법과 같은 대규모 판촉 활동에 집중한다. 이 개념은 단기간의 판매 촉진 효과가 크다는 장점이 있으나, 장기적인 고객 만족과 충성도를 저해할 수 있는 한계가 있다.

단체급식의 경우, 신규 급식소에서 할인 이벤트, 시식 행사, 포인트 적립과 같은 판촉 활동을 적극적으로 실시하여 단기적으로 이용률을 높이는 사례가 이에 해당한다. 그러나 이러한 접근은 실제 고객 만족이나 장기적 충성도보다는 이용자 수 확대에 초점이 맞추어져 있다.

(4) 마케팅 지향적 개념(marketing concept)

마케팅 지향적 마케팅 관리 개념은 조직의 목표를 소비자의 욕구와 필요를 충족시키는 데 두고 있다. 따라서 기업은 표적 시장의 욕구와 필요를 정확히 파악하여, 경쟁사보다 효율적이고 효과적으로 고객을 만족시켜야 한다. 이 개념은 고객 충성도를 확보하고 장기적인 성장을 가능하게 한다는 장점이 있으나, 고객 욕구를 파악하고 대응하기 위해 많은 시간과 비용이 소요된다는 한계가 있다.

단체급식의 경우, 사업체 급식소에서 설문조사와 피드백을 반영해 메뉴를 주기적으로 개선하고, 고객 기호에 맞춘 저염식이나 채식 메뉴 등 맞춤형 식단을 제공하는 사례가 이에 해당한다.

(5) 사회 지향적 개념(societal marketing concept)

사회 지향적 마케팅 관리 개념은 기업이 고객 만족뿐만 아니라 사회적 책임과 공익까지 고려해야 한다는 관점에 기반한다. 이 개념은 환경 보호, 윤리적 생산, 지속가능성 등을 중시하며, 이를 통해 기업 이미지를 제고하고 지속가능 경영을 가능하게 한다. 그러나 단기적 이익보다는 장기적 관점에서 접근해야 하므로 즉각적인 성과는 제한적일 수 있다.

단체급식의 경우, 학교 급식에서 친환경 식재료 사용, 음식물 쓰레기 감축 캠페인, 지역 농산물 활용 등을 통해 건강·환경·지역사회에 기여하는 사례가 이에 해당한다. 이는 단순히 학생 만족을 넘어 지속가능성과 사회적 책임을 포함하는 접근이라 할 수 있다.

3) 마케팅 관리 역할

마케팅 관리는 소비자 욕구 파악, 시장 세분화와 표적 시장 설정, 제품 및 서비스 기획, 가격 전략 수립, 유통 및 서비스 관리, 촉진 활동, 고객 관계 관리 등 전 과정에서 핵심적인 역할을 수행한다.

(1) 소비자 욕구 파악

소비자의 욕구 파악은 마케팅 관리의 시작이다. 시장 조사와 분석을 통해 소비자의 욕구와 기호를 이해하고, 이를 토대로 변화하는 생활양식, 식습관, 사회적 트렌드를 반영함으로써 제품과 서비스 기획에 활용한다.

(2) 시장 세분화와 표적 시장 설정

마케팅 관리는 STP 전략을 통해 실행된다. 먼저 소비자 집단을 특성에 따라 세분화(segmentation)하고, 그중 가장 적합한 집단을 표적 시장(targeting)으로 설정한다. 이후 자사 제품과 서비스를 차별적으로 포지셔닝(positioning)하여 경쟁 우위를 확보한다.

(3) 제품 및 서비스 기획

제품 및 서비스 기획은 소비자가 원하는 가치를 제공하기 위해 이루어진다. 품질, 영양, 안전성, 편의성 등을 종합적으로 고려하여 급식 서비스를 설계하고 개발함으로써 고객 만족도를 높인다.

(4) 가격 전략 수립

가격 전략 수립은 조직의 수익성과 소비자의 수용성을 동시에 충족시키기 위한 과정이다. 이를 위해 원가, 수익성, 고객의 지불 의사 등을 균형 있게 고려하며, 시장 경쟁 상황과 소비자 수용 수준을 반영하여 합리적인 가격을 결정한다.

(5) 유통 및 서비스 관리

유통 및 서비스 관리는 제품과 서비스가 소비자에게 적시에, 그리고 적절한 형태로 제공될 수 있도록 공급망과 유통 경로를 효율적으로 관리하는 과정이다. 단체급식의 경우, 식자재의 안정적인 조달, 위생적 보관·조리, 원활한 급식 서비스 운영 등이 핵심 요소로 포함된다.

(6) 촉진 활동

촉진 활동은 소비자와의 효과적인 의사소통을 통해 제품과 서비스의 가치를 알리고 긍정적인 이미지를 형성하는 과정이다. 광고, 홍보, 이벤트, 시식 행사 등을 활용하여 고객과의 접점을 강화하고, 이를 통해 제품과 서비스에 대한 인지도와 선호도를 높인다.

(7) 고객 관계 관리

고객 관계 관리(customer relationship management, CRM)는 단순한 일회성 구매를 넘어 고객과의 장기적 관계를 유지하고 강화하는 과정이다. 이를 위해 고객 만족도 조사와 피드백을 반영하고, 멤버십 제도나 충성도 프로그램 등을 운영함으로써 고객의 재이용률을 높이고 지속적인 만족을 도모한다.

2 급식소 마케팅 조사

급식소 마케팅 조사는 단순한 소비자 선호 파악을 넘어, 급식경영의 효율성과 만족도를 높이는 핵심적인 역할을 한다. 급변하는 급식 환경과 치열한 경쟁 속에서 현재 및 잠재 고객, 경쟁업체에 대한 정확한 정보를 확보하는 것이 중요하다. 이를 통해 이용자의 욕구와 만족도를 반영한 서비스 품질 개선, 효율적 경영 전략 수립, 경쟁력 있는 급식 제공이 가능하다. 또한 마케팅 활동을 효과적으로 평가·통제할 수 있는 근거를 마련하여 향후 계획 수립에도 기여한다.

1) 마케팅 조사

마케팅 조사(marketing research)는 조직의 마케팅 활동 전반에 필요한 시장, 소비자, 경쟁자, 환경 등에 관한 정보를 체계적이고 객관적으로 수집·분석·해석하여 의사결정에 활용하는 활동이다. 그 과정은 조사 목적 설정, 자료 수집, 분석, 결과 해석, 의사결정 활용의 단계로 이루어지며, 제품(product)·가격(price)·유통(place)·촉진(promotion) 등 4P 전략 전반을 다룬다.

급식소의 마케팅 조사는 급식시장의 규모와 잠재력, 식수와 매출액, 고객 특성, 이용 빈도, 메뉴 기호도, 고객 만족도, 경쟁 급식소의 현황 등을 포괄적으로 조사·분석해야 한다. 이를 위해 설문, 면접, 관찰 등의 방법을 활용하며, 조사 결과는 메뉴 구성, 서비스 개선, 경영 효율화, 영양교육에 활용된다. 마케팅 조사에 활용되는 자료는 시장 분석과 전략 수립의 기초가 되며, 1차 자료와 2차 자료로 구분된다.

(1) 1차 자료(primary data)

1차 자료는 조사자가 직접 새롭게 수집한 자료로, 조사 목적에 맞게 맞춤화할 수 있고 최신성과 정확성이 높다. 그러나 비용과 시간이 많이 소요된다는 한계가 있으며, 설문조사·면접·포커스 그룹·관찰조사 등이 이에 해당한다.

(2) 2차 자료(secondary data)

2차 자료는 이미 존재하는 자료를 수집·활용한 것으로, 시간과 비용이 적게 들고 신속하게 활용할 수 있으나 조사 목적과 완전히 일치하지 않을 수 있다는 한계가 있다. 따라서 1차 자료를 수집하기 전에 조사 목적에 적합한 2차 자료의 존재와 활용 가능성을 먼저 검토하는 것이 바람직하다. 2차 자료는 내부자료와 외부자료로 구분된다. 내부자료는 조직 내부에서 이미 보유하고 있는 자료로, 판매·구매 데이터와 식수 인원 통계가 있다. 외부자료는 조직 외부에서 수집되는 자료로, 정부·공공기관 통계, 학술 논문, 보고서, 경쟁업체의 공개 자료 등이 포함된다.

2) 마케팅 환경 분석

마케팅 환경 분석은 기업이 마케팅 전략을 수립하는 데 있어 매우 중요한 요소로 작용한다. 일반적으로 활용되는 기본 틀로는 산업환경 분석과 3C 분석이 있으며, 이를 바탕으로 SWOT 분석을 통해 기회와 위협, 강점과 약점을 종합적으로 파악하여 경쟁력 있는 전략을 수립할 수 있다.

산업환경 분석(PEST)은 거시적 환경 요인을 정치·법률적(political) 환경, 경제적(economical) 환경, 사회문화적(social) 환경, 기술적(technological) 환경의 네 가지 범주로 구분하여 기업 활동에 미치는 영향을 체계적으로 분석하는 방법이다(표 10-1). 이를 통해 조직은 외부 환경 변화를 신속히 파악하고, 기회를 극대화하여 위협을 최소화할 수 있는 전략 수립에 활용할 수 있다.

표 10-1 산업환경 분석(PEST)의 요인

구분	내용
정치·법률적 환경(P)	정부 정책, 법규, 규제, 정치적 안정성 등
경제적 환경(E)	경기 동향, 물가, 환율, 소득 수준, 원자재 가격 등
사회문화적 환경(S)	인구 구조, 라이프 스타일, 식습관, 건강·환경 의식 등
기술적 환경(T)	조리 기술, 식품 가공·보존 기술, 정보 기술(IT) 활용 등

3C 분석은 자사(company), 고객(customer), 경쟁사(competitor)라는 세 가지 관점을 종합적으로 고려하여 마케팅 전략을 수립하는 분석 도구이다(표 10-2). 이는 조직의 내부 역량, 고객 요구, 경쟁 환경을 동시에 반영한 전략을 수립하는 데 목적이 있다. 3C 분석을 통해 자사의 내부 역량과 한계를 명확히 파악하여 강점을 강화하고 약점을 보완할 수 있다. 또한 고객의 욕구와 기대를 정확히 이해해 맞춤형 서비스를 개발할 수 있으며, 경쟁사의 전략과 시장 변화를 고려해 차별화된 경쟁 우위를 확보할 수 있다.

표 10-2 3C 분석

구분	내용
자사 분석 (company)	자사의 강점·약점, 자원과 역량, 조직 구조, 브랜드 이미지 등을 파악하여 현재 상황을 진단함
고객 분석 (customer)	STP 분석을 통해 고객 세분시장, 목표 고객, 제품 포지셔닝을 파악하며, 시장 규모의 적절성, 성장 가능성 등을 분석함
경쟁사 분석 (competitor)	경쟁사의 시장 점유율, 서비스 품질, 가격 전략, 강·약점 등을 조사하여 자사가 경쟁사와 어떻게 차별화할 수 있을지를 분석함

SWOT 분석은 기업 내부의 강점(strengths)과 약점(weaknesses), 그리고 외부 환경의 기회(opportunities)와 위협(threats) 요소를 파악하는 기법이다. 이를 통해 강점은 강화하고, 약점은 보완하며, 기회는 활용하고, 위협은 관리하는 전략을

수립하는 것을 목적으로 한다. 이 분석을 통해 네 가지 전략을 도출할 수 있다(그림 10-3). SO 전략은 내부 강점을 활용하여 외부 기회를 극대화하고, WO 전략은 내부 약점을 보완하여 외부 기회를 활용하는 것이다. ST 전략은 내부 강점을 기반으로 외부 위협을 최소화하고, 마지막으로 WT 전략은 내부 약점을 보완해서 외부 위협을 최소화하는 방어적 전략이다.

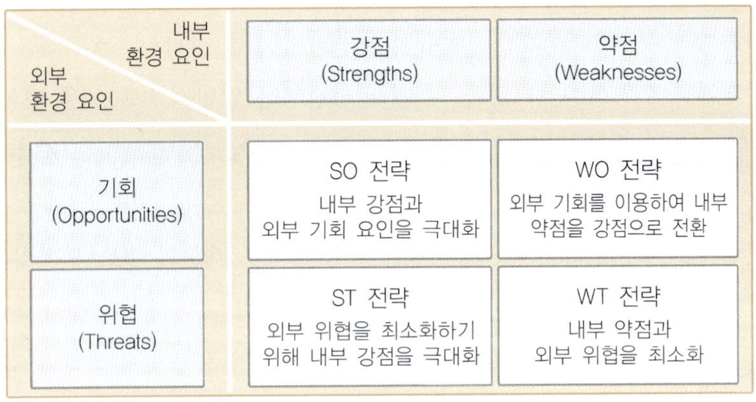

그림 10-3 SWOT 분석

3) 소비자 행동 분석

소비자 행동 분석(consumer behavior analysis)은 소비자가 제품이나 서비스를 인지, 태도 형성, 구매, 사용, 평가, 폐기에 이르는 전 과정을 다루며, 이에 영향을 미치는 요인을 분석하는 포괄적 개념이다. 이러한 요인에는 개인적 요인, 심리적 요인, 사회적 요인, 상황적 요인 등이 포함된다(표 10-3). 따라서 급식소 마케팅에서는 이와 같은 요인을 고려하여 메뉴개발, 가격 책정, 서비스 제공, 홍보 전략 등을 수립해야 한다.

표 10-3 소비자 행동에 영향을 미치는 요인

구분	내용
개인적 요인	연령, 성별, 직업, 소득 수준, 라이프 스타일, 건강 상태 등
심리적 요인	동기, 지각, 학습, 태도, 성격 등
사회적 요인	가족, 친구, 준거집단, 사회 계층, 문화, 사회적 트렌드 등
상황적 요인	시간, 장소, 분위기, 구매 환경, 상황적 제약 등

소비자 행동 분석의 목적은 소비자의 욕구와 선호를 정확히 파악하고, 구매 의사결정 과정을 이해하는 데 있다. 구매 의사결정은 일반적으로 문제 인식, 정보 탐색, 대안 평가, 구매 결정, 구매 후 행동의 다섯 단계로 구분된다(그림 10-4).

첫째, 문제 인식(problem recognition)은 소비자가 자신의 필요나 결핍을 자각하면서 이를 해결하기 위한 욕구가 발생하는 단계이다.

둘째, 정보 탐색(information search)은 문제를 해결하기 위해 과거의 경험이나 광고, 주변인의 추천, 인터넷 등을 활용하여 대안을 탐색하는 단계이다.

셋째, 대안 평가(evaluation of alternatives)는 여러 선택지를 가격, 품질, 영양, 편의성 등의 기준에 따라 비교 및 평가하는 단계이다.

넷째, 구매 결정(purchase decision)은 평가 결과를 바탕으로 실제 선택을 내리는 단계로, 개인의 태도, 주변의 영향, 상황적 요인에 따라 달라질 수 있다.

마지막으로, 구매 후 행동(post-purchase behavior)은 구매한 제품이나 서비스에 대한 만족 여부를 평가하는 단계로, 만족하면 충성도와 재구매로 이어지지만 불만족하면 불평과 불만을 초래하고 경쟁 급식소나 외식업체로 전환될 수 있다.

따라서 마케팅 관리자는 각 단계에서 소비자의 욕구를 충족시킬 수 있는 전략을 마련해야 한다. 특히, 구매 후 행동 단계에서는 급식소에 접수되는 고객 불만 사항을 즉각적으로 개선하여 고객 이탈을 방지하고 재방문을 유도하는 것이 중요하다.

그림 10-4 구매 의사결정 과정

3 급식소 마케팅의 STP 전략

STP 전략은 마케팅의 핵심 개념으로, 고객 집단을 세분화(segmentation)하고 그중 핵심 집단을 표적 시장(targeting)으로 설정하며, 차별화된 이미지로 포지셔닝(positioning)하는 과정을 말한다. 급식소에 이러한 전략을 적용하면 고객 만족도를 높이고, 경쟁력 있는 서비스를 제공할 수 있다.

1) 시장 세분화

시장 세분화(market segmentation)란 전체 시장을 유사한 특성을 지닌 집단으로 나누는 과정을 말한다. 급식소에서는 전체 이용 고객을 다양한 특성에 따라 분류하는 단계가 이에 해당한다. 시장 세분화의 기준으로는 인구 통계학적 요인, 지리적 요인, 심리학적 요인, 구매 행동 요인 등이 있다(표 10-4). 최근에는 보다 효과적인 시장 세분화를 위해 두 가지 이상의 변수를 결합해 사용하는 경우가 늘어나고 있다. 단체급식의 경우, 일반적으로 학교, 산업체, 병원, 군대 등으로 시장을 세분화하여 각 집단의 특성과 요구에 맞는 서비스를 제공하고 있다.

표 10-4 시장 세분화의 기준

변수	일반적 구분
인구 통계학적	연령, 성별, 직업, 종교 등
지리적	지역, 지형, 기후, 인구 밀도 등
심리학적	사회 계층, 라이프 스타일, 성격 등
구매 행동	구매 계기, 사용 빈도, 충성도 정도, 제품에 대한 태도 등

2) 시장 표적화

시장 표적화란 시장 세분화를 통해 세분화된 집단 중에서 어떤 시장을 공략할 것인지를 결정하는 것을 의미한다. 즉, 기업이나 조직이 가장 효율적이고 효과적으로 만족시킬 수 있는 집단을 선정하고, 그 집단에 적합한 전략을 집중하는 과정이다. 표적 시장 설정은 세분화된 시장을 평가하고, 매력도가 높은 집단을 선정하며, 이에 맞는 집중 전략을 수립하는 단계로 이루어진다(표 10-5). 시장 접근 방식에 따라 비차별적 마케팅, 차별적 마케팅, 집중화 마케팅의 세 가지 전략을 선택할 수 있다(그림 10-5).

표 10-5 표적 시장 설정의 절차

구분	내용
세분화된 시장 평가	• 시장 규모와 성장 가능성 파악 • 경쟁 강도와 진입 장벽 분석 • 자사 자원 및 역량과의 적합성 검토
매력도 높은 세분시장 선정	• 장기적 성장성과 수익성을 고려하여 선택 • 자사가 차별화된 가치를 제공할 수 있는 집단 중심
집중 전략 수립	• 선택된 시장을 중심으로 제품·가격·서비스·홍보 전략을 구체화

(1) 비차별적 마케팅(undifferentiated marketing)

비차별적 마케팅은 전체 시장을 하나의 집단으로 보고 동일한 전략을 적용하는 방식이다. 다수 소비자의 공통적인 욕구에 초점을 맞추어 대량 생산·유통·판촉 중심의 마케팅 전략을 수립하며, 효율성과 비용 절감을 중시한다. 따라서 비차별적 마케팅은 규모의 경제를 실현하여 소비자에게 저렴한 가격 혜택을 제공할 수 있다는 점에서 유리하다. 그러나 고객의 다양한 세분화된 욕구를 충족시키기 어렵고, 경쟁이 치열한 시장에서는 차별화 부족으로 경쟁력이 약화될 수 있다는 한계가 있다.

(2) 차별적 마케팅(differentiated marketing)

차별적 마케팅은 여러 세분시장을 대상으로 각 시장의 특성에 맞춘 차별화된 전략을 수행하는 방식이다. 고객 집단별로 다른 제품, 가격, 홍보 전략을 적용함으로써 맞춤형 서비스 제공이 가능하다. 그러나 여러 시장을 동시에 공략하기 때문에 비용과 자원이 많이 소요되며, 이에 따른 관리와 운영이 복잡해질 수 있다는 단점이 있다.

(3) 집중화 마케팅(concentrated marketing)

집중화 마케팅은 하나의 세분시장만을 선택하여 해당 시장에 자원과 노력을 집중하는 방식이다. 특정 시장에 집중적으로 마케팅 자원을 투입함으로써 제한된 시장 내에서 경쟁 우위를 확보할 수 있으며, 고객 충성도와 만족도를 높일 수 있다. 그러나 특정 시장에만 의존하기 때문에, 해당 시장이 축소되거나 없어질 경우 상당한 위험을 감수해야 하는 한계가 있다.

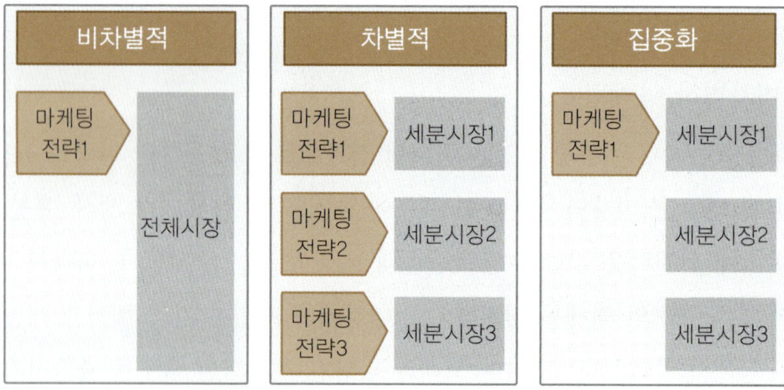

그림 10-5 표적 시장 마케팅 전략

3) 포지셔닝

포지셔닝이란 표적 시장에서 자사 제품과 서비스를 경쟁사와 차별화하여 목표 고객(target)의 마음속에 특색 있는 이미지를 형성하는 과정을 말한다. 이는 단순히 제품을 제공하는 차원을 넘어, 소비자가 어떻게 인식하기를 원하는지에 대해 전략적으로 설계하는 단계로서 고객 만족과 장기적 경쟁력 확보의 핵심이다.

성공적인 포지셔닝을 위해서는 먼저 경쟁사와 차별화되는 요소를 검토해야 한다. 즉, 품질, 가격, 서비스, 이미지, 영양 가치, 편의성 등 자사의 강점을 경쟁사와 구별되는 특징으로 설정하는 것이다. 다음으로는 실제 소비자가 자사의 제품과 서비스를 어떤 이미지로 받아들이는지를 파악하고, 경쟁 서비스와 비교했을 때 자사가 시장 내에서 어떤 위치에 자리 잡고 있는지를 명확히 해야 한다.

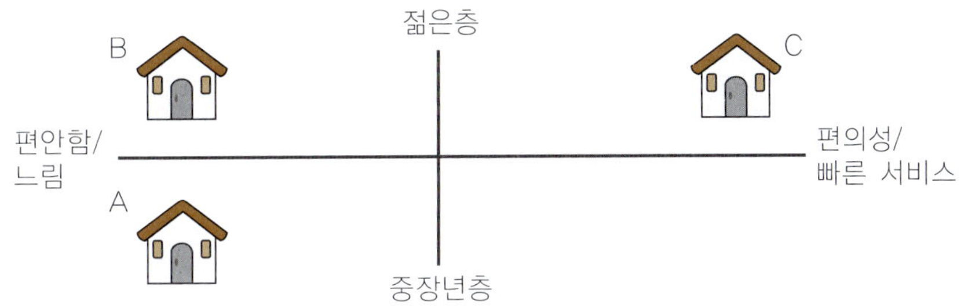

그림 10-6 시장 포지셔닝

급식경영학

Chapter 11

급식 마케팅 믹스

급식 마케팅 믹스는 일반적인 마케팅 믹스 개념인 4P(제품, 가격, 유통, 촉진)를 급식 서비스의 특성에 맞게 적용하고 확장한 것이다. 급식은 서비스 마케팅의 성격이 강하므로 4P 외에 3P(사람, 프로세스, 물리적 증거)를 추가한 7P 개념으로 접근하기도 한다.

학습목적

급식 현장에서 고객 만족도를 높이고 마케팅 목표를 달성하기 위해 제품(Product), 가격(Price), 유통(Place), 촉진(Promotion) 등 통제 가능한 마케팅 수단들을 종합적으로 활용하고, 이를 통해 효과적인 급식 마케팅 전략을 수립하고 실행하는 능력을 기른다.

학습목표

1. 마케팅 믹스의 정의와 필요성을 이해하고 설명할 수 있다.
2. 마케팅 믹스 4P를 이해하고 급식에 어떻게 적용되는지 설명할 수 있다.
3. 확장된 서비스 마케팅 믹스 7P를 이해하고 급식 서비스 관리 방법을 설명할 수 있다.
4. 급식 마케팅 믹스 요소들을 효과적으로 조합하여 급식소 특성에 맞는 마케팅 전략을 수립하고 적용할 수 있는 능력을 기른다.
5. 급식에서 상품관리(음식, 서비스, 브랜드)가 마케팅 믹스에 미치는 영향을 이해할 수 있다.
6. 급식에서 가격 결정의 의의와 가격 결정 절차를 설명할 수 있다.
7. 급식에서 경로관리란 무엇이고 급식소에 효과적인 서비스 형태는 무엇인지 설명할 수 있다.
8. 급식에서 광고, 홍보, 판매 촉진 개념을 이해하고 차이점을 설명할 수 있다.

1 급식 마케팅 믹스

마케팅 믹스(Markting Mix)란 마케팅 목표를 효과적으로 달성하기 위하여 사용하는 통제 가능한 경영 요소들의 조합을 뜻한다. 기본적인 마케팅 믹스 요소로는 제품(product), 가격(price), 경로(place), 촉진(promotion)이 있고 이를 4P라고 한다. 이러한 네 가지 요소는 제품을 중심으로 한 기존 제조업에 적합한 형태이기 때문에 서비스 산업에서는 기본 마케팅 믹스에 사람(people), 프로세스(process), 물리적 증거(physical evidence)를 추가하여 7P로 불리는 확장된 마케팅 믹스가 적용되고 있다. 마케팅 믹스 요소들은 상호 의존성이 높기 때문에 효율적인 마케팅 믹스 통합을 위해서는 마케팅 믹스 요소들 간 일관성, 통합성, 시너지 효과를 고려하여야 한다. 또한 환경 변화에 대응하여 제품 특성과 마케팅 믹스는 효율적으로 수정되어야 한다.

급식경영에서도 마케팅 전략은 필수적이다. 특히 급식 서비스는 무형성과 동시성, 고객 참여도가 높은 특성을 갖기 때문에 마케팅 전략을 보다 세밀하게 접근할 필요가 있다. 급식상품은 제품과 서비스의 특성을 모두 가진 복합상품이기 때문에 4P를 중심으로 급식 마케팅 믹스 전략을 설명하되 상품관리에 사람, 프로세스, 물리적 증거 요소들을 함께 녹여 설명하고자 한다.

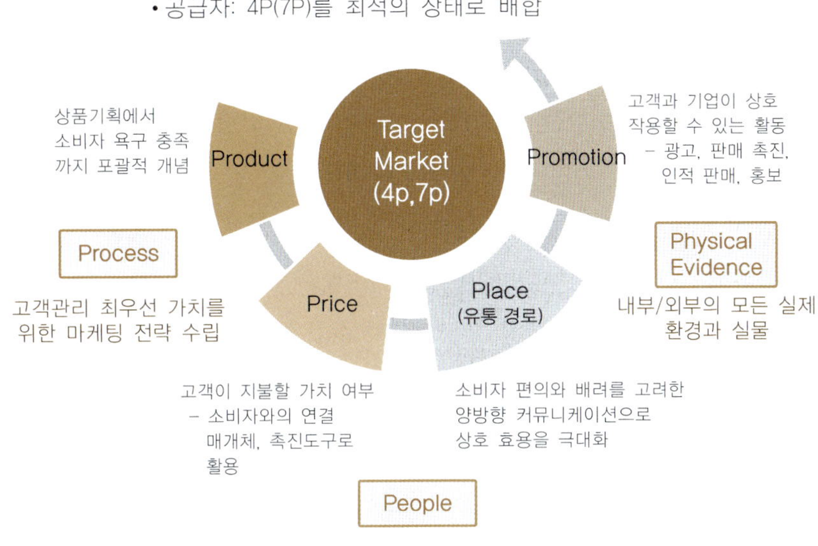

그림 11–1 마케팅 믹스 요소

1) 급식 상품관리(Product)

급식상품은 단순한 음식이 아니라, 고객의 욕구를 충족시키는 종합적 서비스 패키지이다.

(1) 음식 품질관리

음식 품질관리는 음식의 품질 요소인 메뉴 다양성, 영양, 기호, 위생 안전 등에 대한 관리 활동을 뜻하며, 음식의 품질관리는 고객 만족과 직결된다.

급식 관리자는 고객의 영양 요구를 충족시키기 위하여 급식 대상자의 성별, 연령별 특성에 따른 영양 필요량에 근거하여 식단을 계획하여야 한다. 고객의 건강 상태, 문화적 선호, 계절별, 테마별 메뉴 기획은 고객 만족도를 높이는 데 효과적이다. 그리고 주기적인 메뉴 기도호 조사를 실시해 고객의 기호를 반영한 메뉴를 제공하는 동시에 기존 메뉴 평가 후 개선이 필요한 경우에는 수정 및 보완하거나 신메뉴로 대체하여야 한다. 정기적인 메뉴 트랜드 조사와 메뉴개발 콘테스트 개최를 통해 신메뉴를 개발하며, 웰빙 트렌드를 반영한 저칼로리, 저나트륨, 저지방, 저당 등의 건강식 메뉴를 개발하여야 한다. 또한 고객에게 메뉴 선택의 기회를 부여할 수 있는 선택 식단제를 도입해 확대해 나갈 필요도 있다. 음식의 위생 및 안전성 확보가 무엇보다도 중요한데, 이를 위해 식재료 규격 표준화와 품질 기준을 마련하고, HACCP과 같은 위생관리 시스템을 구축해 식재료 구매 과정부터 조리, 배식에 이르기까지 체계적으로 관리하여야 한다. 어린이집과 학교 급식의 경우 알레르기 유발 식품 표기와 대체 식단 제공이 중요한 상품관리 전략이다.

(2) 서비스 관리

음식 제공 외에도 직원의 친절, 대기 시간, 피드백 처리 등이 서비스 품질에 포함되며 고객 불만에 대한 신속한 대응은 재방문율에 큰 영향을 미친다. 체계적 서비스 관리를 위하여 표준화된 서비스 운영 매뉴얼(Standard Operating Procedure, SOP)이 필요하다. 대표적인 서비스 운영 매뉴얼은 직원 교육과 훈련 프로그램과 비상 상황 대응 교육이 있다.

급식종사자에게 식중독 예방, 개인 위생, 시설·설비 관리, 이물관리 등 HACCP 시스템에 대한 정기적인 교육을 실시하며, 신규 직원은 업무 시작 전 반드시 위생 및 안전관리 수칙에 대한 교육을 이수하도록 한다. 식중독이나 이물질 발견 등 비상 상황 대응에 관한 교육을 실시하는 것도 중요하다. 식중독이 발생하였을 경우 즉각적인 보고체계를 구축하고, 보건소 등 관련 기관에 신고하며, 보존식 등을 활용하여 역학조사에 협조하며, 이물질 발견은 즉시 해당 음식을 수거하고, 이물질 혼입 경로를 파악하여 재발 방지 대책을 수립해야 한다.

▶ 서비스 운영 매뉴얼 효과

- 품질 및 위생의 일관성 확보 : 누가 어떤 업무를 하더라도 동일한 절차에 따라 진행되므로 서비스의 일관성과 위생 안전성이 유지
- 식중독 사고 예방 : 체계적인 위생관리로 식중독 발생 위험을 최소화하고 고객의 신뢰를 확보
- 업무 효율성 증진 : 표준화된 업무 절차를 통해 직원들이 효율적으로 업무를 처리 가능
- 신규 직원 교육 용이 : 매뉴얼을 활용하여 신규 직원의 업무 숙련도 향상

급식에서의 서비스 관리는 종사원이 고객에게 음식을 전달하는 과정 및 행위에 대한 관리 활동이라 할 수 있다. 서비스는 종사원과 고객 간의 접점에서 이루어지는데 고객은 이때 발생하는 상호작용에 따라 서비스 품질을 지각하기 때문에 서비스를 제공하는 종사원뿐만 아니라 급식소 내 다른 고객들을 효과적으로 관리하여야 한다. 이를 위해 고객과의 접점에서 제대로 역할을 수행할 수 있는 종사원을 선발하고 서비스 매뉴얼을 개발하여 교육과 훈련을 시키고 동기를 부여하는 등의 내부 마케팅이 선행되어야 한다. 아울러 고객의 불편이나 클레임을 신속하게 처리하고 개선해 나감으로써 고객과의 장기적인 유대관계를 형성하여 재방문으로 이어질 수 있도록 체계적으로 관리하여야 한다.

서비스가 고객에게 전달되는 과정이나 다양한 활동의 흐름을 서비스 프로세스라 하는데, 급식소를 방문하는 고객은 음식을 제공받으면서 서비스가 전달되는 모든 과정을 경험하고 직접 볼 수 있다. 그래서 서비스 프로세스는 고객으로 하여금 서비스 품질을 결정하는 데 중요한 역할을 할 뿐만 아니라 고객 만족과 재방문 의사에 결정적인 변수로 작용한다.

서비스는 무형적인 특성을 지니고 있기에 서비스 수준이나 품질을 유형화시킬 수 있는 단서인 물리적 증거가 중요해지고 있다. 즉 물리적 증거란 종사원으로부터 서비스가 제공되고 급식소와 고객의 상호작용이 이루어지는 모든 유형적 요소

를 뜻한다. 물리적 증거에는 급식소 의자, 테이블, 분위기, 온도, 조명 등의 내부 환경과 급식소 외관, 주변 환경 등의 외부 환경 그리고 종사원 복장, 영수증, 웹사이트 등의 기타 유형적 요소가 포함된다. 이러한 물리적 증거는 서비스를 차별화시켜 주는 역할을 하며, 고객의 기대와 평가에 영향을 줄 뿐만아니리 고객의 급식소 선택에도 영향을 미친다.

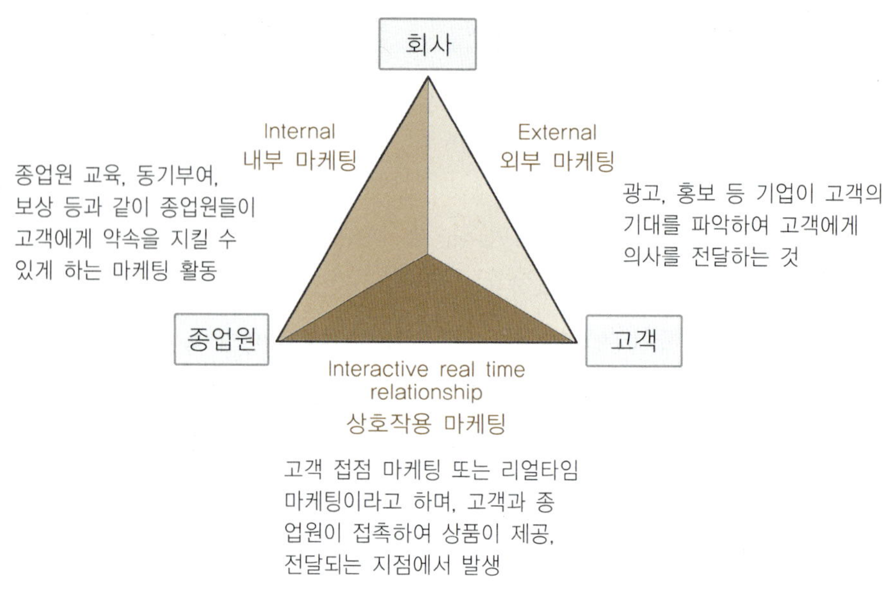

그림 11-2 서비스 마케팅 삼위일체

(3) 머천다이징과 브랜드관리

급식에서도 고객이 원하는 차별화된 상품 구성을 위해 머천다이징(merchandising) 즉 상품화 과정이 필요하다. 이를 위해서는 차별화된 가치를 표현하고 연출하는 푸드 코디네이션(food coordination)과 메뉴 프레젠테이션(menu presentation)에 대한 계획 및 구성 등이 중요하다.

음식의 품질과 더불어 이에 부합되는 급식소 분위기, 테이블 세팅, 식기에 담

긴 음식 모양, 조명, 음향 등이 급식소에서의 중요한 마케팅 영역으로 부상하고 있다. 푸드 코디네이션은 시각적으로도 만족도가 높은 급식을 고객에게 제공하기 위하여 음식과 테이블, 식공간 등이 전체적으로 조화를 이루도록 연출하는 것이다.

메뉴는 급식소를 운영함에 있어서 내적인 통제 도구일뿐만 아니라 중요한 마케팅 도구이다. 이에 따라 메뉴판에 제시된 정보를 통해 급식소에서 제공되는 메뉴의 차별성과 가치를 강조하여 고객의 수요를 높여야 한다. 메뉴 프레젠테이션은 메뉴 디자인과 메뉴 설명 등에 대한 계획 및 구성과 관련된 것이다. 메뉴 디자인이란 일반적으로 메뉴판 디자인을 뜻하며 메뉴 계획을 거쳐 선정된 메뉴를 메뉴판에 옮기는 과정이다. 급식소의 전체적인 콘셉트와 메뉴판의 크기 및 색상, 메뉴 아이템의 배열, 활자체 및 크기, 사용 종이의 질, 표지 등이 조화를 이루고 기능성과 심미성을 동시에 고려해 디자인되어야 한다. 특히 수익성이 높은 메뉴는 전략적으로 고객의 시선이 집중되는 위치에 배치하도록 한다. 메뉴 설명은 메뉴에 대한 정보인 식재료명과 원산지, 조리 방법, 영양 정도, 가격 등을 메뉴판에 기술하고 음식 사진을 게재하는 것을 의미한다. 메뉴에 대한 각종 정보는 간단 명료해야 하며, 고객에게 전달하고자 하는 메시지를 효과적으로 전달할 수 있어야 하는 동시에 고객의 식욕을 자극시켜 수요를 촉진할 수 있어야 한다.

브랜드란 자사 상품에 정체성을 부여하고 경쟁업체의 상품과 차별화하기 위하여 사용하는 네임, 슬로건, 심벌 등과 같은 형태 또는 이들이 결합된 형태를 의미하며, 고객과의 커뮤니케이션에 매우 중요한 역할을 한다. 브랜드가 가지는 급식소만의 차별화된 가치와 개성은 브랜드 인지도와 브랜드 이미지를 제고시키고, 이는 브랜드 선호도로 이어져 브랜드 충성도 형성의 근간이 된다. 급식산업에서 브랜드관리는 고객 신뢰와 경쟁 우위 확보를 위해 필수적이며, 식자재 품질, 영양, 안전, 위생, 책임경영 등을 강조하여 긍정적인 기업 이미지를 구축하는 것이 중요하다. 타깃 마케팅, 프랜차이즈 협업, 웰빙 및 건강 식단 제공, 그리고 사회적 책임 활동 등을 통해 브랜드 가치를 높이고 시장을 다각화하려는 노력이 이루어지고 있다.

- 메뉴 머천다이징 : 단순한 메뉴 나열이 아닌 고객 특성과 상품 특성을 고려한 메뉴개발, 효과적인 가격 전략, 고객 시선을 끄는 진열 및 홍보 활동 등을 포괄하는 개념
- 메뉴 엔지니어링 : 메뉴 판매량(고객 선호도)과 공헌 이익(마진) 두 가지 기준으로 메뉴를 평가해 스타(star), 플로우 홀스(plow horse), 퍼즐(puzzle), 도그(dog) 4가지 유형을 분류하고 각 유형에 맞게 마케팅 전략을 수립하는 방법

2) 급식 가격관리(Price)

(1) 가격 결정

급식에서의 가격이란 고객이 음식 및 서비스를 제공받는 대가로 지불하는 금액을 뜻한다. 급식산업에서의 가격은 원가의 보상과 이익에 직접적인 영향을 주며, 잘 짜여진 가격 전략은 소비자로 하여금 제품을 구매하도록 유도하고, 제품에 이미지를 부여하며, 시장 안에서 경쟁할 수 있게 해 주는 중요한 요소이다. 급식산업에서의 가격은 메뉴의 원가를 반영하면서도 고객의 수긍이 동반되어야 하며, 외식시장에 형성되어 있는 경쟁사 또는 유사 가격 등도 고려해 정해야 한다.

급식 가격 결정에 영향을 미치는 요인은 크게 내부 요인과 외부 요인으로 나뉜다. 내부 요인으로는 급식 원가, 급식소 유형에 따른 가격 책정의 한계, 급식 제공 시간대, 급식 서비스 유형 등이 있으며, 외부 요인으로는 급식시장과 수요의 특성, 경쟁 업장의 가격, 기타 환경 요인들이 있다.

급식의 가격은 단순 원가와 이윤이 고려되는 비용 중심 접근뿐만 아니라, 시장 상황과 다른 급식업체 대비 경쟁력 확보라는 경쟁 중심 접근과 고객 가치와 만족도 기반의 가치 중심 접근 방법 등 다양한 접근 방법이 있다.

(2) 메뉴 가격 결정의 절차

① 급식 가격 목적 설정

급식 메뉴 가격은 고객이 메뉴 상품에 대한 심리적 만족과 경제적 만족을 동시에 안겨줄 수 있어야 한다. 급식 관리자는 수익 증대, 서비스 품질 향상, 고객 만족도 증대, 시장 및 경쟁 환경 대응, 전략적 판매 촉진 등 중 무엇을 급식 가격 결정의 최우선 목적으로 할지 결정하여야 한다.

② 식단 계획 및 원가 산정

급식 관리자는 식재료비, 인건비 및 제반 운영경비를 파악하여 원가관리 계획을 세우고 손익관리를 효율적으로 수행해야 한다. 단체급식에서 원가관리는 판매가격의 조정, 급식운영을 위한 예산 수립, 새로운 기기 구입 및 시설 개선 등을 위해 예산을 확보하여 급식운영의 효율을 높이는 것을 목적으로 진행한다.

급식 원가란 음식을 생산하여 제공하기 위해 소비된 경제적 가치로서 급식에 소요되는 제반 비용들인 식재료비, 인건비, 소모품비, 수도광열비, 통신비 등이 모두 포함된다. 원가는 크게 재료비, 인건비, 경비의 세 가지 요소로 구성되는데, 식재료비와 인건비가 운영의 대부분을 차지하므로 주요원가 또는 기초원가라고 한다.

▶ 급식 주요원가(prime costs)

- 식재료비 : 음식 생산을 위해 소비되는 식재료 구입비
- 인건비 : 급식종사자들의 급여, 임금, 각종 수당, 상여금, 퇴직금 등
- 경비 : 식재료비와 인건비를 제외한 모든 비용(소모품비, 수도광열비, 관리비, 시설 사용료, 회의비 등 기타 경비

③ 시장 조사 및 경쟁 분석

급식 주요 이용자의 지불 의사, 유사한 급식소나 외부 음식점의 가격 수준 및 품질을 조사하여 종합적으로 가격 결정에 반영한다. 급식상품은 무형성이 강한 서비스가 반영되기 때문에 원가 요소를 객관적으로 정확히 산정할 수 없는 경우가 많다. 따라서 서비스 산업에서의 가격 결정 메커니즘과 이러한 메커니즘에 따른 소비자의 가격 인식에 대한 심리적 요인들은 매우 중요한 가격 전략으로 이용된다.

④ 최종 가격 조정 및 메뉴 출시

급식소가 가격을 결정할 때 원가 중심 가격 결정, 소비자 중심 가격 결정, 경쟁 중심 가격 결정 등 세 가지 주요 접근법을 사용한다. 원가 중심 가격 결정은 제품 생산에 들어간 비용(원가)에 일정 이윤을 더해 가격을 책정하는 방식이고, 소비자 중심 가격 결정은 고객이 제품에 대해 인식하는 가치(지각된 가치)를 바탕으로 가격을 결정한다. 즉, 제품의 품질, 평판, 편리성 등 무형적 가치를 중요하게 고려하는 방법이다. 경쟁 중심 가격 결정은 경쟁사의 가격 수준을 기준으로 자사 제품의 가격을 결정하는 방식으로 경쟁이 치열한 시장에서 주로 사용된다. 최종 결정된 가격이 급식운영 목표와 부합하는지 검토해야 한다.

(3) 가격 차별화 전략

급식 가격 차별화 전략은 고객의 다양한 수요를 충족시키고 수익성을 개선하기 위해, 동일한 급식 서비스 내에서 가격과 메뉴 구성을 다르게 제공하는 방식이다. 특히 고물가 시대에 가성비와 가심비를 모두 잡으려는 고객들을 유인하는 데 효과적이다.

가격 차별화(price discrimination)는 일반적으로 세분시장의 성격에 따라 가격을 달리 설정하는 것을 의미하여, 수요가 많을 때를 그렇지 않을 때로 옮기거나 수요가 적을 때 이를 자극하기 위해서 실시된다. 가격 차별화 전략에는 크게 시간에 따른 가격 차별화, 구매자에 따른 가격 차별화, 구매량에 따른 가격 차별화 등 다양한 방법으로 차별화가 가능하다. 서비스의 생산과 소비가 동시에 발생한다는 특성에 따라 이용 시간이나 예약 시간에 따라 가격을 달리함으로써 수요를 조절하는 이용 시간에 따른 차별화, 구매 시간에 따른 차별화가 가능하다.

3) 급식 경로관리(Place)

급식 서비스는 생산과 소비가 동시에 발생하는 서비스 산업의 특성 때문에 서비스 생산자와 소비자로만 구성되며 중간상이 존재하지 않는 경우가 많다. 급식에서는 유통 대신 경로라는 표현을 쓰는 것이 적절하며, 음식 및 서비스가 고객에게 제공되는 배식 방법을 의미한다. 이를 적용하면 급식 경로관리는 음식 및 서비스가 적절한 장소에서, 적절한 시간에, 적절한 양만큼 고객에게 제공될 수 있도록 전달하는 과정을 결정하는 활동이라고 할 수 있다. 레스토랑 마케팅 믹스에서 경로는 입지를 의미한다.

(1) 배선관리

급식 배식 전 배식대가 청결한지, 적온 보관을 위한 보온·보냉고가 사전 예열되어 있는지, 식판·수저·국그릇은 덮개를 사용하며 이물이 없이 건조가 잘 되었는지 확인한다. 배식 전 제공 음식이 배식대에 모두 세팅되었는지 확인하고 당일 메뉴에 대한 음식을 고객에게 제공되는 음식과 동일하게 상차림하여 급식소 입구에 디스플레이함으로써 메뉴에 대한 정보를 사전에 고객에게 제공할 수 있도록 한다. 테이블 및 의자, 식수대, 컵 보관고, 퇴식구 등 홀의 청결 상태를 확인한다.

게시용 식단표 내의 영양 성분, 원산지, 알레르기 유발물질 등에 대한 정보가 기록되어 있는지 확인하며, 최종적으로 배식 담당자들의 용모, 복장 등 개인 위생 상태를 점검하고 배식을 위한 대기를 한다.

(2) 배식관리

배식 중 관리 사항에는 고객 응대, 적절한 배식을 위한 배식관리, 퇴식구 주변 청결 상태 확인, 고객 모니터링을 통한 만족도 확인 등이 있다. 배식에서는 고객들에게 동일한 1인 분량을 제공하는 정량 배식(portion control)이 필수적이다. 1인 분량은 메뉴의 생산량과 원가를 통제하는 요소로, 1인 분량이 일정하지 않거나 적절하지 않다고 여기는 경우 불만이 발생할 수 있다. 정량 배식이 지켜지려면 배식에 앞서 메뉴 계획 단계에서부터 1인 분량에 대한 개념이 확립되어 있어야 하고, 예상 식수에 따른 정확한 총생산량이 명시된 표준 레시피를 활용하여야 한다. 배식 단계에서는 1인 분량 배분에 필요한 배식 도구들의 용량을 파악하고 지정된 배식 도구로 일정량씩 배분하도록 훈련할 필요가 있다. 배식용 국자나 스푼 용량에 따라 메뉴별 배식 도구를 정해두면 동일한 양을 배분하기가 쉬워진다.

(3) 서비스 형태

음식의 서비스 형태는 서비스 수준, 생산과 서비스 장소의 분리 여부에 따라 달라진다. 현재 급식소에서 사용하고 있는 서비스 형태는 셀프 서비스(self service), 트레이 서비스(tray service), 테이블 서비스(table service), 카운터 서비스(counter service)로 구분할 수 있다.

① 셀프 서비스

셀프 서비스는 단체급식의 카페테리아, 패스트푸드 및 뷔페 레스토랑에서 널리 이용되고 있다. 원하는 음식을 고객이 직접 선택하여 식탁으로 가져와 먹기 때문에 인건비를 줄일 수 있고 단시간 내 많은 사람들에게 식사를 제공할 수 있는 형태이다. 그러나 품목별 수요예측이 정확하지 못하면 배식량 과부족이 발생할 수 있다.

② 트레이 서비스

트레이 서비스는 병원 환자식, 기내식 그리고 호텔 룸 서비스, 외식업에서 흔히 볼 수 있는 형태이다. 주방에서 조리된 음식을 쟁반에 차려서 고객이 있는 장소로 가져다 주는 형태이다. 기내식은 공항 근처에 있는 쿡칠 시스템을 갖춘 기내식 센터에서 만든 음식을 1인분씩 개별 포장하여 냉장 상태로 기내로 운반한 다음 기내에서 배식 직전에 재가열하여 배식한다. 병원에서 환자급식은 중앙조리장에서 1인분씩 트레이에 담아 카트에 적재하여 각 병동으로 운반한 후 배식원들이 트레이를 환자들에게 전달한다. 트레이 서비스에서 가장 중요한 요소는 고객들에게 음식이 전달될 때까지 보온·보냉이 잘 이루어져야 하고, 배식원들은 청결한 복장으로 신속하고 친절한 자세로 서비스할 수 있도록 훈련되어야 한다.

③ 테이블 서비스

테이블 서비스는 외식업에서 흔히 볼 수 있는 형태이다. 직원이 주문을 받고 주방으로부터 고객의 테이블까지 음식을 가져다 주는 방식이다. 최근 테이블에서 주문 및 결제가 가능한 스마트 테이블, 로봇이 테이블에 음식을 서빙, 특정 고객을 위한 맞춤 식단을 제공하는 푸드 프린팅 등 다양한 푸드테크가 활용되고 있다.

④ 카운터 서비스

카운터 서비스는 신속한 서비스를 원하는 고객들을 위한 것으로, 식당이나 커피숍, 초밥집, 스낵바 등에서 이용되고 있다. 즉 카운터에 있는 종업원이 주문부터 음식 제공, 상차림 업무까지 모두 맡기 때문에 적은 수의 직원으로 효율적인 운영이 가능하다는 장점이 있다.

4) 급식 촉진관리(Promotion)

급식에서 촉진이란 급식의 가치를 고객에게 전달하고, 급식 수요 증대를 유도할 목적으로 급식상품에 대한 정보를 알리거나 설득하는 마케팅 커뮤니케이션 활동이다. 촉진 수단으로는 광고(advertizing), 인적 판매(personal selling), 판매 촉진(sales promotion), 홍보(public relation) 등이 있다.

① 광고(advertizing)

급식소 광고는 급식소의 신선한 식재료, 건강한 메뉴 등의 장점을 담은 포스터를 학교나 회사 게시판에 부착하거나, SNS에 유료 광고를 게재하는 것 등이 있다.

② 인적 판매((personal selling)

급식소 인적 판매는 급식소 영양사나 관계자가 직접 식단을 상담해 주거나, 시식 행사를 열어 고객과 대면하여 메뉴의 장점을 설명하고 구매를 유도하는 것 등이 있다.

③ 판매 촉진(promotion)

급식소 판매 촉진은 단기간에 즉각적으로 고객의 수요을 촉진하기 위해 실시하는 활동으로 가격 할인, 무료 시식, 이벤트, 사은품 제공, 경품 제공, 경연대회, 단골고객 프로그램 등이 있다. 또한 판매 촉진에는 고객의 시선을 끌기 위해 메뉴 쇼케이스, 아이캐처, 플래카드, 테이블 텐트 등의 물리적 증거들을 활용한다. 급식소에서 급식의 단조로움을 피하고 고객의 흥미를 증진시키는 동시에 단기적인 수요 증대 효과를 얻기 위해 각종 판매 촉진 이벤트를 실시하고 있다. 대표적으로 계절 이벤트, 고유명절 이벤트, 절기 이벤트, 기념일 이벤트, 환경 이벤트, 세계 음식 이벤트, 사회 이슈 이벤트 등이 있다.

④ 홍보(public relation)

급식소 홍보는 급식소가 지역사회에 기여한 활동을 보도 자료로 배포하여 언론에 소개하거나 학교 신문에 인터뷰 기사를 싣는 것 등이 있다. 홍보는 정보전달이 목적이기 때문에 광고에 비해 신뢰성이 높아 기업에 대한 긍정적인 이미지를 형성하게 하며 경제적이라는 장점이 있다. 반면, 기업이 직접 펼치는 마케팅 활동과 달리 홍보 기사에 대한 최종 편집을 매체에서 담당하기 때문에 기업이 원하는 방향으로 통제할 수 없다는 단점이 있다.

표 11-1 급식 촉진관리

	광고 (Advertising)	인적 판매 (Personal Selling)	판매 촉진 (Sales Promotion)	홍보 (Public Relations)
목적	브랜드 인지도와 호의적 이미지 형성, 장기적인 구매 유도	고객과의 직접적인 관계를 통해 즉각적인 구매를 설득하고 판매를 성사시키는 것	단기간 내에 매출을 신속하게 증가시키거나 특정 행동을 유도하는 것	기업과 관련된 이해관계자들에게 긍정적인 이미지를 구축하고 신뢰를 얻는 것
방법	비용을 지불하고 TV, 라디오, 신문, 온라인 매체 등 비인적 매체를 이용	영업사원과 고객이 직접 대면하여 대화하는 인적 커뮤니케이션	쿠폰, 할인, 샘플, 경품, 이벤트 등 다양한 단기적인 자극 활용	언론 보도(뉴스, 기사), 보도 자료 배포, 위기관리 등 미디어 채널 활용
대상	불특정 다수의 잠재 고객	특정 목표 고객 또는 잠재 고객	가격에 민감한 소비자나 유통업자	언론, 소비자, 투자자, 정부 등 모든 이해관계자
비용	매체 구매에 많은 비용 소요	인건비와 판매 수수료 발생	쿠폰, 경품 등 다양한 판촉 비용 발생	광고보다 적은 비용으로 큰 효과를 낼 수 있음
효과	반복적 노출을 통한 장기적인 효과	설득력이 높고 즉각적인 구매 유도에 효과적	구매 직전에 영향을 미치며, 즉각적인 반응 측정 가능	광고보다 높은 신뢰도로 긍정적인 이미지를 형성
통제	메시지 전달 내용과 시기를 통제하기 용이	메시지 전달에 대한 통제가 가능하나 판매원에 따라 차이 발생	촉진 시기와 내용을 통제하기 용이	매체에 의해 기사 내용이 편집될 수 있어 통제가 어려움

급식경영학

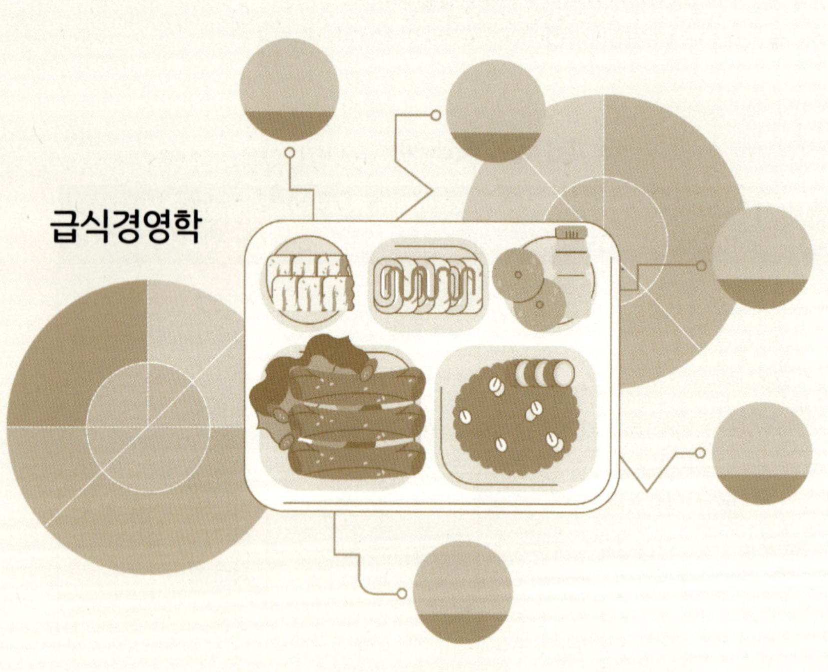

Chapter 12
서비스 품질관리

서비스 품질관리란 고객이 기대하는 수준과 실제 제공되는 서비스 수준의 차이를 최소화하여 만족과 신뢰를 높이는 활동을 의미한다. 즉, 서비스 기획부터 제공, 평가, 개선에 이르는 전 과정을 체계적으로 관리함으로써 지속적인 품질 향상을 도모하는 것이다. 따라서 서비스 품질관리는 단순히 '좋은 서비스' 제공을 넘어, 고객이 체감하는 가치와 만족을 관리하고 개선하는 전 과정이다.

학습목적

급식 서비스의 특성과 품질관리 개념을 이해하고, 이를 기반으로 서비스 운영의 효율화와 고객 만족 향상, 급식산업의 최신 트렌드 변화 방향을 파악한다.

학습목표

1. 급식 서비스의 주요 특성을 설명할 수 있다.
2. 급식 서비스의 품질관리를 위한 PDCA 순환 개념과 주요 관리 방법을 제시할 수 있다.
3. 급식소의 브랜드 전략, 고객관리, 위생·안전관리의 중요성을 설명할 수 있다.
4. 급식산업의 ESG 경영, 디지털 전환, 맞춤형 서비스, 사회적 가치 창출 등 최신 트렌드를 설명할 수 있다.

1 서비스의 속성과 관리

급식 서비스는 일반적인 제품과 달리 무형적 요소가 많고, 생산과 소비가 동시에 이루어지며, 제공자의 특성과 상황에 따라 다양하게 변한다. 따라서 이러한 속성을 이해하고 관리하는 것은 급식경영의 핵심 과제이다.

1) 서비스의 무형성

서비스는 유형 제품과 달리 눈에 보이지 않고 저장하거나 재고화하기 어렵다. 따라서 서비스 제공 전에 고객이 평가하기 어렵고, 제공 후 경험을 통해 만족이 형성된다. 급식소에서는 식사가 제공되기 이전에는 서비스 품질을 가늠하기 어렵고, 조리·배식 과정을 통해 고객이 직접 체감하므로 무형성의 특성이 매우 강하게 작용한다. 이 때문에 조직은 고객이 경험하는 순간마다 위생·맛·온도·배식 속도 등 구체적인 요소를 체계적으로 관리해야 한다.

표 12-1 무형성 관리 전략의 예시

관리 요소	구체적 실천 방안	기대 효과
위생의 가시화	위생 점검 결과 제시, 조리실 CCTV 공개	신뢰도 향상
품질 체감 요소 제공	음식 온도, 식단 및 영양정보 표시	서비스의 '가시적 품질' 제고
고객 체험 강화	시식 행사, 조리체험 프로그램 제공	서비스 신뢰와 만족도 상승

2) 서비스의 동시성

서비스는 생산과 소비가 동시에 이루어지는 특성을 가진다. 고객이 음식과 서비스를 받는 동안 조직은 조리·배식·응대 등을 실시간으로 제공해야 한다. 급식소 운영에서는 조리·배식·고객 응대가 동일한 시간대에 진행되므로, 직원의 숙련도와 팀워크가 서비스 품질에 직결된다. 또한 서비스 지연이나 오류가 발생하면 곧바로 고객 경험에 영향을 미치므로 동시성 관리가 중요하다.

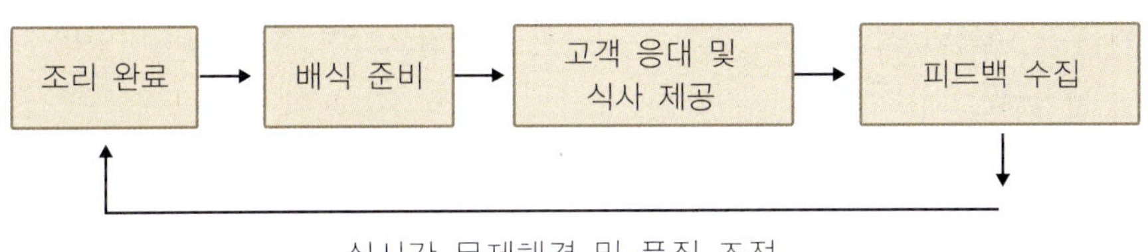

그림 12-1 급식 서비스 동시성 관리 프로세스

3) 서비스의 이질성

서비스는 제공 시마다 산출물이나 과정이 동일하지 않을 수 있다. 조리원이나 배식원의 숙련도, 고객 응대 상황, 식재료 상태 등 다양한 변수로 인해 서비스 품질이 달라질 수 있다. 급식소에서는 동일한 메뉴라도 제공 시간, 식재 상태, 고객 수 등에 따라 결과가 달라지므로 이질성을 줄이기 위한 표준화와 교육이 필수적이다.

표 12-2 급식 서비스의 이질성 요인과 관리 방법 예시

이질성 요인	발생 원인	관리 방법
조리자 숙련도	경험, 교육 수준 차이	표준 조리법, 멘토링 교육
환경적 요인	시간대, 기온, 식재료 변화	조리공정 점검, 식자재 보관 기준 강화
고객 응대 태도	개인 성향, 피로도	서비스 매뉴얼화, 감정노동 관리 프로그램

4) 서비스의 소멸성

서비스는 재고로 보관할 수 없다는 특성을 지닌다. 급식 서비스는 특정 시간대에 제공되지 않으면 가치가 사라지며, 이를 다시 활용하기 어렵다. 예를 들어 점심시간 이후 남은 음식은 재판매가 불가능하여 원가 손실로 이어진다. 따라서 정확한 수요 예측과 식단 계획, 철저한 시간관리가 필요하며, 이는 급식경영의 효율성과 직결된다.

5) 고객 참여성

서비스 제공 과정에서 고객은 단순한 소비자가 아니라 품질 형성에 직접적으로 영향을 미치는 참여자가 된다. 급식소에서는 셀프 배식, 트레이 반환, 위생관리 협조와 같은 요소들이 모두 고객 참여와 관련된다. 또한 고객의 피드백은 서비스 개선의 중요한 자료가 되므로, 고객 의견을 체계적으로 수집하고 반영하는 관리가 필요하다.

표 12-3 급식 고객 참여 관리 모델 예시

고객 참여 영역	참여 형태	관리 포인트
메뉴 선택	월간 투표, 만족도 조사	피드백 반영, 데이터 축적
위생 협조	손 소독, 트레이 반납	안내 표지 및 교육 강화
서비스 개선	불만 접수, 건의함, 모바일 설문	신속 응답 및 개선 결과 공개

2 급식소 서비스의 품질관리

급식 서비스의 품질은 고객 만족과 직결되며, 장기적으로는 급식소의 지속가능성과 경쟁력에 영향을 미친다. 따라서 품질관리는 단순한 관리 업무가 아닌, 조직 운영의 핵심 전략이다.

1) 지속적인 품질경영 개선

급식소는 단순히 일회성 식사를 제공하는 기관이 아니라 반복적 서비스 환경이다. 따라서 품질관리는 일회적 이벤트가 아니라 지속적 활동이어야 한다. 예를 들어, 위생 점검, 잔반율 분석, 고객 설문, 직원 피드백 등을 통해 운영 상태를 주기적으로 파악하고 문제를 개선해야 한다. 즉, 급식소의 품질경영은 단순한 점검 활동이 아니라 PDCA(Plan–Do–Check–Act) 순환체계를 기반으로 이루어진다.

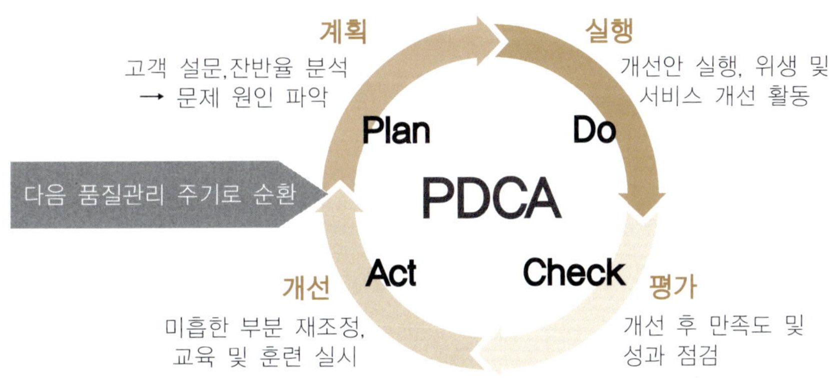

그림 12-2 PDCA 기반 급식소의 지속적 품질경영

2) 브랜드 전략

급식소 역시 브랜드 관점에서 접근할 수 있다. 일정 수준 이상의 서비스 품질·식단 구성·고객 응대를 지속하면 고객과 기관(학교, 병원 등)에게 인지도가 높아지고 신뢰를 얻는다. 브랜드화된 급식소는 고객(학생·환자·직원)에게 안전하고 맛있는 식사라는 이미지를 제공할 수 있고, 이는 경쟁력 강화로 이어진다. 따라서 브랜드 전략은 단순히 마케팅이 아니라 운영 품질과 일관성 유지를 통해 실행되어야 한다.

3) 고객관리와 커뮤니케이션

서비스 품질관리는 내부적 운영에만 그치지 않고 고객과의 상호작용을 포함한다. 급식소에서는 식단 의견 수렴, 고객 불만 처리, 고객 접점 직원의 서비스 태도 등이 매우 중요하다. 또한 고객에게 메뉴 변경 이유, 위생 강화 조치, 서비스 개선 내용을 투명하게 알려주는 커뮤니케이션 전략이 고객 신뢰를 높이는 데 기여한다.

4) 위생 · 안전 관리

급식 서비스 품질의 핵심은 위생과 안전 확보이다. 위생 불량은 고객 신뢰를 하락시키고, 집단 식중독과 같은 심각한 문제로 이어질 수 있다. 따라서 급식소는 안전관리인증기준(HACCP), 국제표준화기구(ISO) 품질경영 인증 시스템 등을 도입하여 식재료 입고부터 조리, 배식, 보관에 이르는 전 과정에서 위생을 철저히 관리해야 한다. 또한 알레르기 유발 식품 표시, 교차오염 방지, 정기적인 위생 점검을 통해 고객의 안전을 보장해야 한다.

▶ HACCP과 ISO 시스템
- 급식소의 위생, 안전 품질을 보장하기 위한 국제적 관리체계
- HACCP는 식품의 위해 요소 예방 중심
- ISO는 품질경영 시스템(조직 관리체계 중심)

5) 서비스 성과 측정

급식소의 품질관리는 단순히 주관적 평가에 그치지 않고 객관적 지표를 통해 성과를 확인해야 한다. 고객 만족도 조사뿐 아니라 잔반율, 불만 처리 건수 및 해결율, 위생 점검 결과, 재이용률 등의 지표를 활용하면 서비스의 현황을 수치로 파악할 수 있다. 이러한 성과 지표는 개선 방향을 설정하고 품질관리 활동의 효과를 검증하는 데 중요한 역할을 한다.

표 12-4 급식소 서비스 품질 성과지표 예시

평가 항목	지표	측정 방법	활용 목적
고객 만족	만족도 점수, 재이용률	설문, QR코드	서비스 개선
운영 효율	잔반율, 식수 예측 정확도	데이터 분석	원가 절감
위생·안전	HACCP 점검 결과, 불량 건수	점검표	신뢰 확보
대응력	민원 해결률, 응답 시간	기록관리	고객 신뢰 회복

6) 위기관리와 리스크 대응

급식소는 집단 급식의 특성상 한 번의 사고가 대규모 피해로 이어질 수 있다. 따라서 식중독 발생, 위생 불량, 대량 민원 등 돌발 상황에 대비한 위기관리 매뉴얼을 구축해야 한다. 직원 교육과 정기적인 모의 훈련을 통해 위기 발생 시

신속하게 대응할 수 있어야 하며, 사후에는 개선 대책을 마련하여 재발을 방지해야 한다.

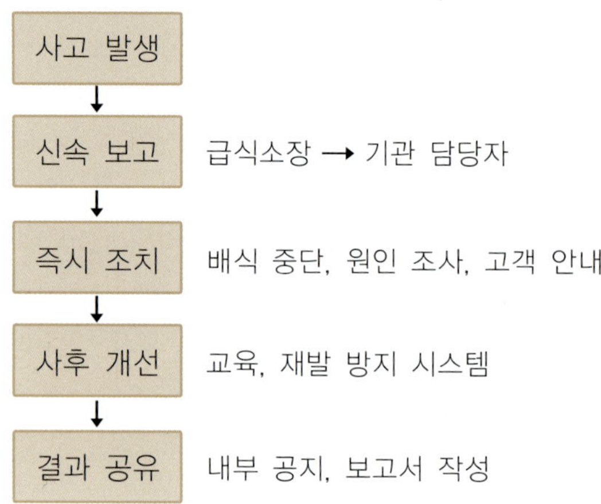

그림 12-3 급식소 위기 대응 흐름도

3 급식산업의 새로운 트렌드

급식산업은 단순히 식사를 제공하는 역할을 넘어, 새로운 가치 창출과 사회적 책임을 수행하는 방향으로 진화하고 있다.

1) 새로운 고객 가치의 창출

최근 급식산업은 단순한 '식사 제공'에서 벗어나, 건강관리, 맞춤형 영양 제공, 식문화 체험 등 부가가치를 창출하고 있다. 예를 들어, 개인별 건강 상태에 맞춘 영양식, 채식·비건 메뉴 제공 등이 대표적 사례다.

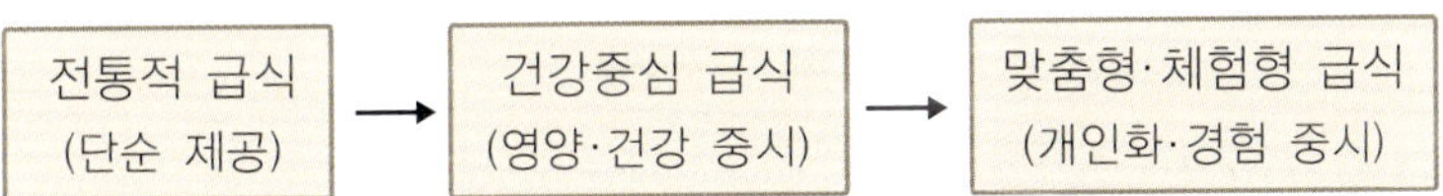

그림 12-4 새로운 고객 가치 창출의 방향

2) 지속가능경영을 위한 노력

환경 문제와 ESG 경영이 부각되면서, 급식소도 친환경 식재료 사용, 음식물 쓰레기 감축, 에너지 절약 등을 통한 지속가능경영을 실천하고 있다. 이는 고객에게 긍정적 이미지를 제공할 뿐만 아니라 사회적 책임을 다하는 기관으로 자리매김하는 데 기여한다.

▶ ESG 경영

- 급식산업은 환경(Environment), 사회(Social), 지배구조(Governance)를 포괄하는 ESG 경영을 통해 사회적 책임과 지속가능성을 강화하고 있다.

▶ ESG 경영이란

- 기업이 단순한 이윤 추구를 넘어 환경보호(E), 사회적 책임(S), 투명한 경영구조(G)를 종합적으로 고려하여 지속가능한 발전을 추구하는 경영방식

3) 외식산업 분야로의 확장

급식산업은 기존의 단체급식소 운영을 넘어, 케이터링 서비스, 가정 간편식(Home Meal Replacement, HMR) 제품 개발, 외식 브랜드와의 협업 등으로 확장되고 있다. 이러한 변화는 급식경영자의 역량을 요구하며, 새로운 시장 개척의 기회로 작용한다.

4) 디지털 전환

최근 급식산업은 정보 기술을 접목한 스마트화가 빠르게 확산되고 있다. 키오스크를 통한 비대면 주문, 모바일 애플리케이션을 통한 예약·결제 서비스, 빅데이터 기반 수요 예측과 AI 영양 분석 시스템이 대표적 사례이다. 이러한 디지털 전환은 운영 효율성을 높일 뿐 아니라, 고객에게 편리하고 맞춤화된 서비스를 제공하는 데 기여한다.

▶ 스마트 급식 시스템 사례

AI 수요예측 ─┐
키오스크 주문 ├──→ 급식운영 최적화 → 고객 편의 향상
모바일 결제 ─┘
↑
IoT 위생 · 온도 관리

- 사례1. AI 수요예측 시스템을 통해 식수 예측 정확도를 높여 잔반율 감소
- 사례2. 모바일 주문, 결제 앱으로 비대면 주문 및 식사 시간 예약 가능
- 사례3. 키오스크 메뉴판 도입으로 식단 정보(알레르기, 칼로리 등) 자동 안내
- 사례4. IoT 온도센서를 활용해 냉장고 온도 자동 모니터링 및 HACCP 연동 관리

5) 개인 맞춤형 서비스 확대

단체급식은 본래 표준화된 식단을 제공하는 것이 일반적이었으나, 최근에는 고객 개인의 건강 상태와 선호를 반영한 맞춤형 서비스가 강화되고 있다. 예를 들어 체성분 검사 결과에 따른 영양 상담, 저염식·비건식·알레르기 대체식 제공 등이 가능하다. 이는 고객의 만족도를 높이는 동시에, 급식소의 차별화된 경쟁력을 확보하는 방법이 된다.

6) 사회적 가치 창출

급식산업은 단순한 영리 활동을 넘어 사회적 책임을 수행하는 방향으로 나아가고 있다. 지역 농산물 사용을 통한 로컬푸드 소비 촉진, 취약 계층을 대상으로 한 식사 지원 프로그램, 음식물 쓰레기 저감 활동 등이 대표적이다. 이러한 노력은 기업과 기관의 사회적 이미지를 높이고, 지속가능한 발전에 기여하는 중요한 전략으로 평가된다.

▶ 급식산업은 사회적 책임을 수행하는 공공적 산업으로 자리매김
- 사례1. 지역 농가와 협력해 로컬푸드 직거래 시스템 구축
- 사례2. 노인, 아동 복지시설 급식 지원 사업 참여
- 사례3. 남은 음식물의 일부를 재가공하여 사료, 퇴비화 프로그램으로 순환
- 사례4. 탄소중립 급식 캠페인 운영

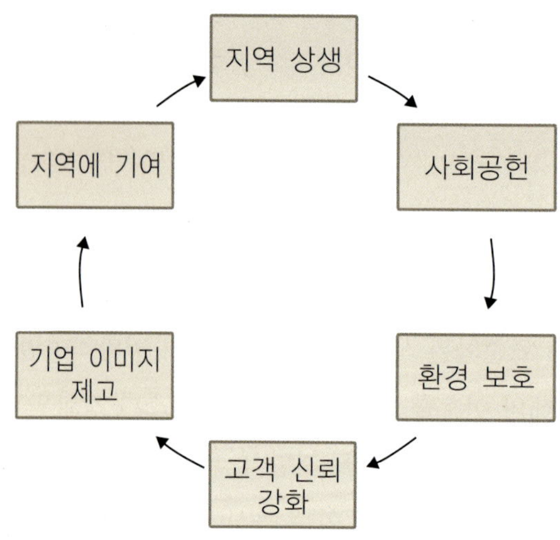

그림 12-5 사회적 가치 창출의 선순환 구조

급식경영학

참/고/문/헌

참/고/문/헌

강남이, 김희섭, 신동주, 윤혜려, 조우균, 최경숙(2014). 급식경영학. 경기도: 지구문화사.

곽동경, 류은순, 이혜상, 홍완수, 장혜자, 최정화, 이나영(2022). 급식경영학. 서울: 신광출판사.

김미혜(2023). 단체급식. 서울: 창지사.

김태희, 윤지영, 서선희(2017). 외식서비스 마케팅. 경기도: 파워북.

서울대학교 식품영양학과 푸드서비스 & 마케팅 연구실(2017). 푸드서비스 경영관리(제8판). 경기도: ㈜바이오사이언스출판.

양일선, 이보숙, 차진하. 이진미, 한경수, 채인숙, 이해영, 박문경(2021). 단체급식. 경기도: 교문사.

양일선, 차진아, 신서영, 박문경(2019). 급식경영학. 경기도: 교문사.

양일선, 차진아, 신서영, 박문경(2022). 급식경영학. 경기도: 교문사.

윤지현, 주나미, 윤지영, 류시현, 배현주(2018). 급식경영(제3판). 경기도: 파워북.

저/자/소/개

김미혜 호서대학교 식품영양학과 교수

이인선 국립군산대학교 식품영양학과 교수

정민유 강서대학교 식품영양학과 교수

급식경영학

초 판 1쇄 인쇄 2026년 2월 20일
초 판 1쇄 발행 2026년 2월 27일

지 은 이 | 김미혜 · 이인선 · 정민유
펴 낸 이 | 김기섭
편 집 인 | 이윤희
펴 낸 곳 | 창지사 www.changjisa.com
08589 서울시 금천구 가산디지털 1로 83 파트너스타워 1차 9층
전화 (02)719-2211~3
팩스 (02)701-9386
등 록 | 1977년 4월 28일 · 제1-421호

ISBN 978-89-426-1969-6 (93590)

값 21,000원